烟草钾营养的分子机制

鲁黎明 李立芹 等 著

中国农业科学技术出版社

图书在版编目（CIP）数据

烟草钾营养的分子机制 / 鲁黎明等著 .—北京：中国农业科学技术出版社，2020. 6

ISBN 978-7-5116-4745-0

Ⅰ.①烟…　Ⅱ.①鲁…　Ⅲ.①烟草-钾肥-分子机制-研究　Ⅳ.①S572. 06

中国版本图书馆 CIP 数据核字（2020）第 081386 号

责任编辑　李　玲
责任校对　李向荣

出 版 者　中国农业科学技术出版社
北京市中关村南大街 12 号　邮编：100081
电　　话　(010)82106643(编辑室)　(010)82109702(发行部)
(010)82109709(读者服务部)
传　　真　(010)82106650
网　　址　http://www.castp.cn
经 销 者　各地新华书店
印 刷 者　北京建宏印刷有限公司
开　　本　710mm×1 000mm　1/16
印　　张　10
字　　数　180 千字
版　　次　2020 年 6 月第 1 版　2020 年 6 月第 1 次印刷
定　　价　56. 00 元

《烟草钾营养的分子机制》
著者名单

主　著　鲁黎明　李立芹

副主著　廖雪茹　贺冰逸　陈　勇　李　姣

　　　　许　力　黄路平　张雪薇　卓　伟

　　　　陈　倩　杨尚谕　鲁逸飞

内容简介

本书系统总结了在烟草钾营养分子机制方面取得的研究成果。全书共分为八章，涵盖了烟草群体、个体、细胞、分子层面的研究结果。第一章介绍了钾营养有关的概念、内涵及相关研究成果，并重点叙述了烟草 12 个不同基因型之间的钾营养效率的差异；第二章阐述了碱性土壤环境对烟株钾吸收与分配的影响，以及土壤改良剂的作用；第三章从电生理学的视角，描述了烟草富钾基因型与普通基因型之间，在根皮层细胞质膜内向钾电流之间的差异；第四章描述了在低钾胁迫下，烟草幼苗基因表达谱的变化；第五章与第六章分别涉及所克隆的烟草钾转运体基因与钾离子通道基因的特性，包括序列特征、结构功能域以及表达模式；第七章为烟草钾吸收的相关调控因子的介绍，主要包括 CBL、CIPK、14-3-3 以及 PP2C；第八章主要涉及低钾的信号传导的问题，阐述了烟草 *NtPOD*1 基因的结构功能域、组织表达模式以及对低钾胁迫的响应。

本书可供烟草科学相关领域的科研和教学工作者、研究生、本科生和烟叶生产工作者阅读和参考。

前　言

钾是植物生长发育所必需的大量元素之一，在植物的各种生理活动中发挥着十分重要的作用，如酶的活化、膜转运、电荷平衡、渗透调节等。同时，钾作为重要的营养元素，还参与了包括光合作用、同化产物的运输及分配等重要生命活动，从而对植物的生长发育产生重要的影响。

对于农作物来说，钾肥是施肥的三要素之一。增施钾肥能够提高作物的产量、增强茎秆的机械强度、提高抗逆性，并对农作物品质的改善有着重要的影响。因此，钾肥是农业生产中必不可少的重要肥料。农作物对钾肥的需求量各异，有些作物对钾肥的需求较多，如烟草、马铃薯、番茄等，被称为喜钾作物。这些喜钾作物在农业生产中所占的比例较高，所以，我国农业生产每年需要投入大量的钾肥。然而，我国是一个钾矿资源较为贫乏的国家，因此，每年都要进口大量的钾肥以满足农业生产的需求。因而，从可持续发展的角度而言，降低钾肥的施用量、提高喜钾作物的钾肥吸收与利用效率，对于实现我国农业的安全与可持续生产具有十分重要的意义。而深入研究农作物钾营养的机制，则是实现这一目标的前提。

烟草在我国是一种重要的经济作物，也是“三区”种植面积较大的一种作物。由于烟草对钾的需求量较大，再加上土壤条件及施肥方式等因素的影响，导致烟草对钾的利用效率不高。所以，在烟叶生产中，钾肥的施用量很大。据粗略测算，我国烟叶生产中，每年施用的硫酸钾就达到了惊人的近百万吨。因此，探索烟草钾吸收与利用的分子机制，为钾高效利用烟草新品种的选育，以及烟草栽培新技术与措施的研发提供理论依据，就成了一个迫在眉睫需要解决的问题。

本书即为著者们多年来在钾营养分子机制研究方面的成果总结。全书共分为八章，涵盖了烟草群体、个体、细胞、分子层面的研究结果。主要包括了烟草不同基因型的钾营养效率、碱性土壤下烟草对钾的吸收与利用、烟草钾吸收的电生理特征、烟草对低钾的分子响应以及烟草钾吸收利用相关基因等诸多方面。

本书在撰写过程中，得到了四川农业大学各级领导、专家与同事们的大力支持与帮助。植物钾营养研究领域相关专家、烟草行业相关领导与专家均对本书的撰写提出了中肯的意见与建议，在此一并致谢。

本书作者力图用通俗的语言、简洁的表达方式，对课题组的研究成果进行总结与阐述。通过本书的阅读，可以一窥烟草钾营养分子机制研究的冰山一角。

由于作者水平所限，书中难免存在一些缺点或不足，恳请各位尊敬的读者不吝赐教！

著　者

2020 年 2 月 4 日立春

目　录

第一章　烟草对钾的吸收与分配

钾是烟草很重要的一种品质元素，具有重要的生理作用。烟草是一种典型的喜钾作物，在烤烟中它是含量最丰富的阳离子，而且在许多情况下甚至是烤烟体内含量最高的矿质元素[1]。钾在烟草体内以离子形态存在，具有高度的可移动性，不参与结构物质的形成，是烟草体内60多种酶的活性剂[2]。同时，钾元素参与了烟株体内多种代谢活动，例如呼吸作用、光合作用、碳水化合物的合成、脂肪及蛋白质的合成等。钾可以提高对光能的利用及呼吸效率，减少烟草体内物质和能量的消耗，促进烟草的光合作用、同化产物的合成与运输[3]。

第一节　钾与烟草

一、钾素与烟草的抗逆性

钾能够增强烟草的抗逆性。钾素是细胞中的主要渗透调节物质，通过调节细胞内钾离子浓度增强抗旱性。在热、寒等不良环境胁迫下，参与调节保卫细胞的开闭及应激反应，增强烟株抗性。

在干旱胁迫下，钾能够增强烟叶的保水能力，降低失水速率和蒸腾速率，保持细胞膜的完整性，降低细胞内活性氧自由基含量，减轻干旱胁迫对细胞膜的伤害，同时促进烟株根系发育，使角组织和韧皮部进一步增厚，茎秆粗壮，从而增强烟草的抗旱能力，并使恢复供水后的烟株迅速恢复生命力。研究表明，在严重干旱胁迫条件下，增施钾肥可以提高烟叶含钾量，增加干物质积累量，并能使叶片中的各种化学物质充分转化、含量协调，使烤烟在干旱条件下，既能提高其产量，又能改善其烟叶品质[4]。

施钾能增强烟草的抗寒性。在钾素供应充足的条件下，钾能促进烟株体内碳水化合物的代谢，增加烟株体内糖分的储备，使细胞膜内具有较高浓度的糖类和钾等各种离子，提高细胞渗透势，增强生物膜对水的束缚力，减少水分蒸腾，因而增强烟草的抗寒性。

钾能够增强烟草植株抗倒伏以及抗病虫害的能力。钾能够增加细胞壁的厚度，促进细胞木质化程度和硅化程度，增加植物体内酚的含量，还可以减少可溶性含氮化合物含量，减少病原微生物的营养[5]。研究发现，施钾可以使烤烟在感染病毒后，提高叶片中的内源保护酶的活性[6]，增强烟株对烟草赤星病的抗性，减轻赤星病的发病程度[7]。

二、钾对烟草品质的影响

钾是烟叶的品质元素，烟叶中钾的含量被认为是评价烟草品质优劣的重要指标之一。试验表明，烟叶中含有较高含量的钾能够提高烟叶品质，对烟叶外观质量、化学成分、燃烧性等都有积极的影响，通常认为优质烟的含钾量要求达到2.5%以上[8]。

钾能改善烟叶的外观质量，含钾量高的烟叶，色泽呈深橘黄色，烟草叶厚薄适中，均匀有光泽，富有弹性和韧性，填充性强，吸收能力更好。随着施钾量的增加，烟叶中的含钾量也相应增加，碳水化合物尤其是还原糖的总量相应提高，烟碱和总生物碱的含量相应降低[9]，总氮含量较低，蛋白质含量较低，糖碱比、钾氯比较高[10]。

钾与烟叶的燃烧性呈显著正相关，钾能提高烟叶的燃烧性和阴燃持火力。烟叶连续均匀的逐步燃烧的性能是评价烟叶品质的重要指标之一。烟叶燃烧持续时间与K/(Ca+Mg)呈正相关，烤烟燃烧时间与烟叶中的钾、氯、还原氮密切相关，其中，钾是有益于燃烧的，氯和氮均严重减弱其燃烧性[11]。钾的浓度与着火温度呈负相关，钾含量越高可使热分解产物的种类和数量显著改变，减少有害物质。有研究指出，烟叶中烟碱含量与钾含量呈显著相关关系($r>0.7$)。Legget研究认为，钾对全氮、总生物碱和硝态氮的含量没有显著影响，但能显著减少蛋白质α氨基酸和总挥发碱基氮总量（TVBN）等对烟草品质不利物质的含量，由此可以提高卷烟产品的安全性。

钾通过影响其他化学成分的合成与分解而对烟叶的香吃味产生影响，大部分地区烟叶的香吃味与烟叶中的钾含量之间存在正相关关系，增施钾肥能够改善烟气品质，降低烟气中微粒物质总量，但增加了烟气中乙醛含量[12]，烟叶香气足，吃味好，烤烟型卷烟中尼古丁的含量、抽吸次数、静态燃烧以及微粒物质含量均有所降低，能有效提高烟叶的香气质和香气量。

三、钾与烟草的产量

烟株的正常生长需要钾元素，因而，在烟叶生产中施用钾肥，能够提高烟叶的产量。研究表明，钾素可促进叶面积和生物量的增加及营养物质的吸收，土壤及烟叶含钾量（70d）与烟叶产量之间呈指数关系。随施钾量的增加，烟叶产量和中上等烟比例相应提高。钾素使烟株的株高、茎围、腰叶长、腰叶宽等增加，促进了烟株发育、糖运输和碳水化合物的分解与合成，使成熟采收期提前；尤其是显著增加了叶面积，提高了烟株的光合面积，烟株叶片的光合作用增强，因而有充足的养分供给烟株生长，有利于光合产物在叶片中积累。

四、植物的钾营养效率

（一）植物的营养性状

植物营养性状泛指植物与生长介质（主要指土壤）系统中一切与营养问题有关的植物性状，即由于生长介质中必需元素浓度过低或矿质元素（包括必需和非必需元素）浓度过高以及介质由于重金属污染而引起的植物在形态、生理生化、生物产量等多个方面的不同表现[13]。植物在不同种之间或作物不同栽培基因型（品系）之间的营养性状差异，表明了植物营养性状是受基因控制的，而这些变异也是植物在长期进化中逐渐形成的[14]。为了培育出能在特定的土壤环境条件下获得高效优质的作物基因型，养分效率是研究的一个重要内容。

养分效率可分为吸收效率和利用效率。吸收效率是指植物在生长介质中根系吸收范围内单位养分所能产生植物产量，侧重于植物对环境中养分的吸收利用能力，包括了两个方面的含义：一是指生长介质中养分有效浓度较低时，植物维持正常生长的能力；二是指随介质中养分浓度的增加，植物对该养分反应的大小[15]。利用效率是指植物吸收到体内的养分所产生的植物产量或优良品质，侧重于植物对体内养分的利用能力[16]。

（二）植物钾素营养特性的差异

随着植物钾吸收、利用效率及其再利用的形态、生理生化基础的研究逐渐深入，国内外学者在耐低钾作物基因型筛选上取得了良好的成果。

胡笃敬等发现空心莲子草富集钾的能力很突出，其 K_2O 含量可达植株干重的5.88%~11.69%，为了缓解我国钾资源短缺的问题，他们建议将这种高钾植物作为生物钾肥[17]。Wild 等采用流动培养和沙培研究了多种植物对钾吸收的情况，发现不同植物对钾的吸收速率、吸收量都存在显著差异，其中一种黄花茅属植物不仅对钾的吸收能力强，且其将钾素从根部运输到地上部的能力也显著大于其他植物[18]。Shea 等采用液培的方法在低钾条件下对 66 种基因型菜豆进行了比较研究，结果表明，钾高效基因型几乎无缺素症状，钾低效基因型的缺钾症状表现严重，且钾效率最高的比效率最低的干物质产量相差 300%[19]。牛佩兰等研究发现，不同烟草基因型间的吸钾能力存在显著差异，钾高效基因型的钾积累量是低效基因型的 3 倍以上[20]。姜存仓对 86 个不同棉花基因型进行研究，发现钾高效基因型的钾积累量是低效基因型的 4. 3 倍[21]。刘国栋和刘更另在低钾条件下，研究不同籼稻基因型（系）的钾素经济利用效率，发现钾高效基因型（系）明显高于钾低效基因型（系）[22]。郭强等研究了 60 个杂交玉米组合钾素的吸收利用效率，结果表明，不同玉米基因型对钾素营养吸收利用有着较大的差异，高产基因型杂交种比一般类型的杂交种可从土壤中多吸收 27%以上的钾[23]。姜存仓等对棉花苗期进行钾吸收效率的研究，发现不同基因型的棉花其钾积累在高钾水平时差距较小，而在低钾水平基因型间钾积累量差距较大[24]。

由此可见，不同植物或同一植物不同基因型对钾的吸收、分配、转运和利用效率等方面存在很大的差异，不同植物或同一植物不同基因型在低钾和高钾条件下，也表现出不同的吸收利用钾的能力，钾高效种质资源在自然界中比较常见。因此，从理论上讲，可以充分利用植物高效吸收利用钾资源的特性，在一定程度上解决我国钾资源短缺的问题。

第二节　烟草的钾营养

一、烟草的钾含量

钾是植物生长过程中重要的 3 种营养元素之一，作物对钾的需求量一般都较大，其在作物体内的含量仅次于氮，甚至超过氮的含量。钾素在作物体内以离子态形式存在，参与物质合成、酶活性调节、渗透调节和物质转运等一系列生理生化过程，对作物的生长发育和新陈代谢及抗逆生理等都有着十分重要的作用[25,26]。

作为一种农作物，也是一种重要的经济作物，烟草的收获对象是其叶片。因此，烟草的钾含量一般而言，指的是其叶片的钾含量。从全球范围来看，世界上先进产烟国生产的优质烟叶的钾含量多在2.5%以上，如美国、津巴布韦烟叶钾含量在4%~6%，巴西达到3%~4%[27,28]。相比较而言，我国烟叶含钾量较低。据相关资料报道，20世纪60—70年代，我国烟叶含钾量平均为0.8%~1%，到1994年时达到1.81%。现除贵州、湖南、福建、江西部分地区可达2.5%~3%，少数可达3%以上，四川、云南、贵州、湖南等多数地区在2%~2.5%外，我国其他烟区烟叶平均含钾量多在1.5%以下，尤其是北方大部分烟区，少数烟区的烟叶含钾量甚至低于1%。烟叶含钾量较低已经成为限制我国烟叶品质进一步提高的因素之一。

二、烟草对钾的吸收、积累与分配

（一）烟草对钾的吸收

1993年，Hawks和Collins研究了烤烟的营养特性，结果表明烤烟对营养元素的吸收和干物质的积累都近似于“S”形曲线，烤烟对钾元素的吸收量最大，其吸收规律几乎与干物质积累相一致，而且始终比干物质积累速率要有所提前。5种大量元素的吸收量分别是钾素>氮素>钙素>镁素>磷素，而钾素的积累要比氮素稍快些，并且前期氮、钾的积累都快于干物质和钙、镁、磷的积累[29]。在苗床期，烟草对钾素的吸收量较小，在大田期，由于不同生长阶段烟草根系活力变化较大，因此对钾素的吸收量也逐渐增加[30]。胡国松等研究发现，在烤烟移栽后的前3周，吸钾速率极慢，从第4周开始快速增加，6~8周时达到最大值，在7周内完成了70%~80%钾的积累[31]。在缺钾条件下，不同生育期含钾量呈阶梯状下降，以团棵期为生理缺钾转折点；而在供钾充足的条件下，烟株在进入成熟期后，对钾的积累速度变缓，钾的积累量呈下降趋势，打顶后对钾素的吸收量明显减少。所以，提高后期植烟土壤中的钾离子浓度对烟株后期的吸钾比较重要[32]。

（二）烟草对钾的积累

曹志洪等对我国北方烟区和南方烟区的烤烟大田期时对养分吸收和干物质积累曲线作了研究，并与美国烟叶生产的同类曲线做了比较。结果发现，南方烟区移栽后10周之前与美国的曲线接近[27]，此后吸收曲线向下低落，与美国的吸钾曲线始终是向上延伸不同。而北方烟区在移栽9周开始，干物质积累大大超过吸钾曲线，与美国曲线相差更远。显然，烟株生育后期干物质的积累速率大大超过钾的吸收速率，这是导致我国烟叶含钾量降低的主要原因之一。杨铁钊等在研究烟草叶片钾积累特性时也发现，烟草叶片的相对钾含量随生育期推延逐步降低，生育后期有 2 个明显的下降高峰；移栽后 75d 至烟叶采收结束，单株烟叶的相对钾含量平均下降 41.83%[33]。

在烟叶含钾量高的情况下，叶位由下到上含钾量一般呈下降的趋势，各部位烟叶相对含钾（K_2O）顺序为：脚叶>下二棚>腰叶>上二棚>顶叶。而当烟叶含钾量在 2.0%以下，特别是氮钾营养不协调时，茎和叶中钾的再利用就会显得迫切得多，往往会引起下部叶的钾向上部叶运输，而呈现上部高于中部，而下部叶钾含量较低的叶位分布[34]。郭丽琢研究表明，烟叶中的含钾量表现为叶脉>叶片，叶脉上表现为基部>中部>顶部，叶片上表现为叶基部>叶中部>叶顶部，近叶脉部分>叶缘，叶片中的含钾量高于植株其余器官[35]。以整张叶片而论，通常是正在展开的幼叶含钾量最高。在同一个器官内，正在迅速生长的区域需钾量最高。

（三）烟草对钾的分配

烤烟体内可能存在一种内部调节机制来进行钾的分配，当中部叶内钾的浓度达到“钾素平衡分配临界值”时，烟株体内的钾就会按照一定的比例分配到各个器官中[36]。由于钾在烟株体内属于易移动的元素，根吸收的钾离子其中一部分通过韧皮部运回到根中，再转入木质部继续向上运输，从而形成钾在植株根与地上部之间的循环流[37]。因此只有在供钾充分的条件下叶片钾转移率才会比较低，才能维持在相对较高的钾含量值上，所以在生产上要注意钾肥的供应。

现蕾期打顶会改变烟株的源库关系，钾素在烟体内会发生从地上部往地下部流动的“回流”现象。郑宪滨等通过水培试验发现，烤烟在打顶后 10d 内，体内有大量 K^+沿韧皮部由地上部回流到根中，回流钾量占由根向地上部运输钾量的 50%~70%。其原因可能是打顶有利于钾离子从根系细胞质膜中流出，导致由根系向地上部运输的钾离子减少，从而使烟叶中钾累积量降低[38,39]。烟叶钾含量多表现为下部叶片>中部叶片>上部叶片，而非经济器官中的钾分配率都呈上升趋势[40]。同时由于钾在植物质膜上是双向流动的，因而烤烟根系还存在着钾外溢现象，烤烟打顶后根系钾离子外溢量会显著增加，其中十七叶期和七叶期、十二叶期相比，外排量最大[41]。烤烟叶片也存在着钾素的外流。烤烟叶片淋溶后使钾素淋失，随着淋溶时间的延长，单位叶面积内的钾淋失量逐渐减少，淋溶至 5~6h 时，烟叶即没有钾素外排[41]。因此，在今后开展提高我国烟叶含钾量的研究中应着力探索造成烟草成熟期钾积累速率减小的作用机理，提高加强烟草钾素吸收和积累能力，并促进根、茎部钾离子向叶片转移的技术措施。

第三节　不同烟草基因型钾营养效率

为了探讨烟草不同基因型之间的钾营养效率的异同，设置了大田、盆栽以及水培 3 个试验，对 12 个烟草不同基因型的钾营养效率进行了研究。供试的 11 个烟草基因型由四川农业大学农学院烟草实验室提供，名称为 WB68（2301）、Ky14（2302）、Beinhart1000－1（2303）、安龙护耳大柳叶（2304）、Va309（2305）、贵烟 5 号、遵烟 6 号（2307）、柳叶尖 0695（2308）、勐板晒烟（2309）、2310（烤烟新品系）和 2311（烤烟新品系）。以常规烟草基因型 K326 为对照。

一、大田期不同基因型烟草植物学性状及钾素利用效率

田间试验采用单因素随机区组设计，共有 12 个不同烟草基因型。试验共 12 个处理，每个处理重复 3 次，共 36 个小区，每小区栽种 15 株烟草，行距 1.2m，株距 0.5m。小区面积 9m^2，试验地总面积 350m^2，试验按 N：P：K 为 1：2：3 作施肥处理。

（一）植物学性状

1. 株高

各基因型烟株在不同时期的株高由表 1-1 所示，在移栽后 50d 左右时，由于 2301 基因型遭遇了严重的烟草黑胫病，为了预防病害的传播，将该基因型全部拔出，到第 3 次取样时，2311 基因型已完成其生育过程，全部拔出。

在移栽后 35d 时，供试的 12 个基因型烟草的株高存在着极显著的基因型差异，株高平均值为 37.8cm，变化幅度为 28.7～62.5cm。这 12 个基因型烟株在 35d 时的株高由高到低排列顺序为：2311>2303>2302>2301>贵烟 5 号>2304>2310>2308>2307>2305>K326>2309，其中由于 2311 基因型生育期较短，此时已进入现蕾期，其株高为 62.5cm，极显著高于其余基因型。

在移栽后 50d 时，所测得的 11 个基因型烟株的株高存在着基因型间的极显著差异，株高平均值为 60.4cm，变幅为 49.2～78.5cm，其中 2310 的株高最高，2305 的株高最矮，这 11 个基因型烟株的株高由高到低分别为：2310>2303>贵烟 5 号>2311>2307>K326>2309>2308>2302>2304>2305。

在移栽后 70d 时，在剩余的 10 个基因型烟株中，各基因型烟株株高间呈极显著差异，其平均值为 60.4cm，其中株高最高的为贵烟 5 号（107.3cm），最低的为 2304（54.8cm），这 10 个基因型烟株的株高由高到低表现为：贵烟 5 号>2307>2303>2302>2310>2308>K326>2309>2305>2304。

2. 叶长与叶宽

从表 1-1 中可以看出，随着生育期的延长，各基因型烟株最大叶片的叶长和叶宽也逐渐增大。

在移栽后 35d 时，2301 的叶长和叶宽均是最大，分别为 40.0cm 和 22.1cm，2309 的叶长最小，为 31.1cm，2304 的叶宽最小，为 15.0cm。其中 2301、2304、贵烟 5 号、2307 的叶长与 K326 相比差异显著，其余基因型与 K326 表现为差异不显著；2304、2305、2307、2308、2309 和 2311 的叶宽与 K326 相比差异显著，其余基因型与 K326 表现为差异不显著。

在移栽后 50d 时，各基因型烟株的叶长变幅为 37.5～50.1cm，叶长表现最大的为 2307，最小的为 2311；叶宽变幅为 16.8～27.6cm，叶宽表现最大的为 2310，最小的为 2311。其中 2302、2307、贵烟 5 号、2308、2309、2310 和 2311 的叶长与 K326 相比差异显著，其余基因型与 K326 表现为差异不显著；2302、2304、贵烟 5 号、2310、2308、2309 和 2311 的叶宽与 K326 相比差异显著，其余基因型与 K326 表现为差异不显著。

在移栽后 70d 时，各基因型烟株的叶长有较大的变异，变化幅度为 44.7～59.0cm，各基因型烟株叶长由大到小顺序为：2302>贵烟 5 号>2305>2308>K326>2307>2310>2303>2309>2304；各基因型烟株的叶宽，变化幅度为 21.0～30.7cm，各基因型烟株叶长由大到小顺序为：2310>贵烟 5 号>2307>2309>2305>K326>2303>2308>2302>2304。

3. 茎围与叶片数

在移栽后 35d 时，12 个基因型的茎围以 2301 为最大，2311 为最小，分别为 5.6cm 和 4.6cm。叶片数以 2304 和 2311 为最多，均为 13.7 片/株，以贵烟 5 号为最少，为 9.7 片/株。

到移栽后 50d 时，这 11 个基因型烟株的茎围变幅为4.9～7.2cm，以 2303 为最大，以 2311 为最小。此时，2307 的叶片数最少，为 14.3 片/株，2303 的叶片数最多，为 18.7 片/株。

至移栽后 70d 时，除 2301 和 2311 两个基因型烟株外，剩余的 10 个基因型烟株的茎围变幅为 7.0～10.3cm，茎围表现最大的是贵烟 5 号，最小的为 2308。

叶片数变幅为 17.7~23.7 片/株，均值为 20.6 片/株，叶片数最多的基因型为 2303，最少的基因型为 2310。

从农艺性状的指标综合来看，这 12 个基因型烟草中 2302 和贵烟 5 号的生长状况较为良好，2304 和 2305 的生长状况不佳，其株型矮小，可能是前期的干旱天气对其生长造成了不利影响。

表 1-1　各基因型烟株在不同时期的农艺性状

移栽后天数	基因型	株高（cm）	最大叶片		茎围（cm）	叶数（片）
			叶长（cm）	叶宽（cm）		
35d	2301	40.3bcBC	40.0aA	22.1aA	5.6aA	12.2bcBCD
	2302	40.8bcB	32.8deBC	20.5bcABC	5.4abAB	13.2aAB
	2303	42.0bB	35.3bcB	21.0abAB	5.2bcABC	12.8abABC
	2304	36.5deCDE	35.9bB	15.0gG	5.2bcBC	13.7aA
	2305	31.8ghFG	34.3bcdB	19.0dCD	4.7deD	11.8cdCDE
	贵烟 5 号	38.4cdBCD	39.1aA	21.1abAB	5.3abABC	9.7fG
	2307	32.4fghFG	39.4aA	18.5deDE	4.9cdCD	10.5efFG
	2308	34.3efgEF	34.9bcdB	19.5cdBCD	5.4abAB	12.8abABC
	2309	28.7iG	31.1eC	17.2efEF	5.2bABC	11.2deDEF
	2310	35.3efDEF	34.5bcdB	21.4abA	5.2bcBC	11.0deDEF
	2311	62.5aA	35.4bcB	16.6fFG	4.6eD	13.7aA
	K326	30.4hiG	33.2cdeBC	21.3abAB	5.2bcABC	10.7eEFG
50d	2301	—	—	—	—	—
	2302	50.9fG	46.6bcABC	23.8cC	6.3dBC	14.7ghFG
	2303	72.0bB	40.8eDE	22.4dD	7.2aA	18.7aA
	2304	50.8fG	42.5deCD	17.9fF	6.4cdBC	17.1bcdBC
	2305	49.2gG	43.8cdeCD	22.5dD	6.3dBC	16.7cdBCD
	贵烟 5 号	63.1cC	49.5abAB	25.6bB	6.8bAB	15.7efDEF
	2307	61.3dDE	50.1aA	22.6dD	6.2dC	14.3hG
	2308	55.2eF	44.6cdCD	21.1eE	6.3dBC	17.7bAB
	2309	60.1dE	45.0cdCD	25.3bB	6.3dBC	16.3deCDE
	2310	78.5aA	45.6cBC	27.6aA	6.7bcAB	16.3deCDE
	2311	62.8cCD	37.5fE	16.8gG	4.9eD	15.3fgEFG
	K326	60.2dE	41.2eDE	22.8dD	6.3dBC	17.3bcBC

（续表）

移栽后天数	基因型	株高（cm）	最大叶片		茎围（cm）	叶数（片）
			叶长（cm）	叶宽（cm）		
70d	2301	—	—	—	—	—
	2302	89. 3bB	59. 0aA	24. 6eC	8. 4bcBC	22. 0bB
	2303	105. 2aA	50. 4eDE	25. 0cdeC	8. 3bcBC	23. 7aA
	2304	54. 8fF	44. 7fF	21. 0fD	8. 1cBCD	18. 3eEF
	2305	68. 2eE	55. 3cBC	25. 5cdeC	7. 7cdCD	17. 8eF
	贵烟 5 号	107. 3aA	56. 8bB	29. 0bB	10. 3aA	19. 3dDE
	2307	106. 1aA	52. 3dD	26. 0cC	9. 2bAB	21. 5bBC
	2308	82. 0cdCD	54. 7cC	24. 7deC	7. 0dD	23. 2aA
	2309	78. 7dD	49. 5eE	25. 7cdC	7. 5cdCD	20. 3cCD
	2310	84. 8cBC	52. 0dD	30. 7aA	7. 9cdBCD	17. 7eF
	2311	—	—	—	—	—
	K326	80. 5dCD	54. 7cC	25. 2cdeC	7. 6cdCD	21. 7bB

注：2301（WB68）、2302（Ky14）、2303（Beinhart1000－1）、2304（安龙护耳大柳叶）、2305（Va309）、2307（遵烟 6 号）、2308（柳叶尖 0695）、2309（勐板晒烟）、2310（烤烟新品系）、2311（烤烟新品系）。同列内平均值后有不同小写或大写字母的表示在 0. 05 或 0. 01 水平上差异显著。下同

（二）干物质积累及分配的差异比较

1. 干物质积累比较

如表 1-2 所示，12 个基因型烟株在移栽后 35d、50d 和 70d 时的根、茎、叶的干物质量均存在显著差异。

在移栽后 35d 时，12 个基因型烟株的根干重变幅为 1. 76～3. 61g/株，极差达 1. 85g/株，最大值（2310）是最小值（2307）的 2. 05 倍；茎干重变幅为 2. 18～9. 11g/株，极差达 6. 93g/株，最大值（2311）是最小值（2307）的 4. 18 倍；叶干重变幅为 16. 96～28. 63g/株，极差达 11. 67g/株，最大值（2311）是最小值（2307）的 1. 69 倍。

在移栽后 50d 时，除 2301 外，剩余 11 个基因型烟株的根干重变幅为 6. 54～12. 27g/株，极差达 5. 73g/株，最大值（2311）是最小值（2307）的 1. 88 倍；茎干重变幅为 7. 15～17. 05g/株，极差达 9. 90g/株，最大值（2311）是最小值（2307）的 2. 39 倍；叶干重变幅为 30. 24～40. 40g/株，极差达 10. 16g/株，最大值（贵烟 5 号）是最小值（2307）的 1. 34 倍。

在移栽后 70d 时，除 2301、2311 外，剩余 10 个基因型烟株的根干重变幅

为 14.07～28.27g/株，极差达 14.20g/株，最大值（贵烟 5 号）是最小值（2305）的 2.01 倍；茎干重变幅为 23.43～56.37g/株，极差达 32.94g/株，最大值（贵烟 5 号）是最小值（2304）的 2.41 倍；叶干重变幅为 51.25～88.20g/株，极差达 36.95g/株，最大值（贵烟 5 号）是最小值（2304）的 1.72 倍。

整体来看，各基因型烟株各器官的干物质积累量总是随着烟株的生长而逐渐增加，在移栽后 50d 时，2311 烟株已进入生育后期，且该烟株杈烟多，在计算其茎秆干物质量时包含了枝杈，因此其茎秆极显著高于其余基因型，但其叶面积小，其叶片干物质量仅排第九位。就干物质积累量来说，贵烟 5 号要优于其余基因型烟株，2304 和 2305 烟株的干物质积累量靠后，与农艺性状所调查的指标相符合。

2. 干物质分配率比较

产量形成的过程就是干物质积累与分配的过程，要获得理想的烟叶产量，就必须要使根、茎、叶的生长发育相协调。

由表 1-2 可以看出，在移栽后 35d、50d 和 70d 时，均以叶片中的分配比例最多，分别为 70.33%～82.66%、51.72%～68.83%、50.35%～59.78%。这说明干物质总是偏向生长较为旺盛的组织中分配。但随着生育期的推移，叶片干物质的分配比例在整个生育期中均呈下降趋势。

随着干物质积累量逐渐增加，根、茎中的干物质分配比例也随之增加。在移栽后 35d 时，2302、2304、贵烟 5 号、2308、2310 和 2311 烟株根的干物质分配率与 K326 相比差异显著；除 2304、2305、2307 和 2308 烟株茎的干物质分配率与 K326 相比差异不显著外，其余 7 个基因型与 K326 差异都显著。在移栽后 50d 时，2305、2311 的根干物质分配率显著高于 K326，2308 与 K326 的根干物质分配率差异不显著，其余基因型烟株的根干物质分配率显著低于 K326；茎干重分配率由大到小排列为 2311>2310>2303>2305>K326>贵烟 5 号>2309>2304>2308>2302>2307。在移栽后 70d 时，根干重分配率由大到小排列为 2304>2303>K326>2310>2308>2309>贵烟 5 号>2302>2307>2305；茎干重分配率由大到小排列为 2307>2310>贵烟 5 号>2303>2308>2305>K326>2309>2304>2302。

3. 干物质积累总量比较

随着生育期的推移，各基因型烟株所积累的干物质总量也在逐渐增加，结果如表 1-2 所示。从表中可以看出，在移栽后 35d 时，这 12 个基因型烟株的干物质积累总量变幅为 20. 90～40. 71 g/株，其干物质总量由大到小排列顺序为：2311>K326>2302>贵烟 5 号>2310>2301>2304>2303>2308>2305>2309>2307，其中 K326 排名第二，2311 的干物质积累总量比 K326 高出 22. 00%；在移栽后 50d 时，除 2301 外的 11 个基因型烟株的干物质积累总量变幅为43. 93～62. 79g/株，其干物质总量由大到小排列顺序为：贵烟 5 号>2311>K326>2305>2309>2308>2310>2303>2304>2302>2307，其中 K326 排名第三，贵烟 5 号和 2311 的干物质积累总量分别比 K326 高出 7. 2%和 3. 7%；在移栽后 70d 时，除 2301 和 2311 外的 10 个基因型烟株的干物质积累总量变幅为 92. 68～172. 84g/株，其干物质总量由大到小排列顺序为：贵烟 5 号>2307>2303>K326>2310>2302>2308>2309>2304>2305，其中 K326 排名第四，贵烟 5 号、2307 和 2303 的干物质积累总量分别比 K326 高出 36. 18%、8. 66%和 6. 74%。

表 1-2　各基因型烟株在不同时期各个器官干物质积累量及分配差异的比较

移栽后天数	基因型	根		茎		叶		干物质量（g/株）
		积累量（g/株）	分配率（%）	积累量（g/株）	分配率（%）	积累量（g/株）	分配率（%）	
35d	2301	2. 71cdeBC	8. 38cdD	3. 71cdCDE	11. 45deDE	25. 95bcAB	80. 17cdBC	32. 37bB
	2302	3. 03bcBC	9. 16bBC	4. 30bBC	13. 02cC	25. 70bcAB	77. 82eD	33. 03bB
	2303	2. 66deC	8. 27cdD	4. 54bB	14. 10bB	24. 96cB	77. 62eD	32. 16bB
	2304	2. 97bcdBC	9. 14bBC	3. 40cdeDEF	10. 52fEFG	25. 99bcAB	80. 34cdBC	32. 36bB
	2305	2. 05fD	8. 17cdD	2. 57ghGH	10. 24fgFG	20. 46dC	81. 59abAB	25. 08cC
	贵烟 5 号	3. 13bB	9. 51bB	3. 56cdeDE	10. 79efDEF	26. 24bcAB	79. 70dC	32. 94bB
	2307	1. 76fD	8. 43cdCD	2. 18hH	10. 44fEFG	16. 96eD	81. 13bcBC	20. 90dD
	2308	2. 68deC	8. 52cCD	3. 31deDEF	10. 50fEFG	25. 49bcB	80. 99bcBC	31. 49bB
	2309	2. 02fD	8. 31cdD	2. 78fgFGH	11. 45deDE	19. 50dCD	80. 24cdBC	24. 31cCD
	2310	3. 61aA	11. 12aA	3. 83cCD	11. 81dD	25. 10cB	77. 07eD	32. 55bB
	2311	2. 97bcdBC	7. 29eE	9. 11aA	22. 38aA	28. 63aA	70. 33fE	40. 71aA
	K326	2. 63eC	7. 89dDE	3. 16efEFG	9. 46gG	27. 57abAB	82. 66aA	33. 37bB

（续表）

移栽后天数	基因型	根		茎		叶		干物质量（g/株）
		积累量（g/株）	分配率（%）	积累量（g/株）	分配率（%）	积累量（g/株）	分配率（%）	
50d	2301	—	—	—	—	—	—	—
	2302	7.74dD	15.64dD	9.30hF	18.81hG	32.43deCD	65.55bB	49.47fE
	2303	6.89efE	13.26fG	12.76dC	24.55cC	32.31deCD	62.19dD	51.95eDE
	2304	7.22deDE	14.50eF	9.75gEF	19.62fgEF	32.75cdeCD	65.88bB	49.71fE
	2305	9.89bB	17.42bB	13.83bB	24.36cC	33.05cdCD	58.21fF	56.77cdC
	贵烟5号	9.77bB	15.55dDE	12.63dC	20.12eE	40.40aA	64.33cC	62.79aA
	2307	6.54fE	14.89eEF	7.15iG	16.28iH	30.24fE	68.83aA	43.93gF
	2308	8.55cC	16.19cCD	10.14fE	19.21ghFG	34.10cC	64.60cC	52.79eD
	2309	8.69cC	15.58dDE	10.99eD	19.70efEF	36.09bB	64.72cC	55.77dC
	2310	7.15eDE	13.66fG	13.40cB	25.60bB	31.81deDE	60.75e	52.36eDE
	2311	12.27aA	20.20aA	17.05aA	28.08aA	31.40deDE	51.72gG	60.72abAB
	K326	9.77bB	16.67cC	12.62dC	21.54dD	36.20bB	61.79dD	58.58bcBC
70d	2301	—	—	—	—	—	—	—
	2302	19.56dD	16.14deDE	29.19eE	24.08iH	72.46bB	59.78aA	121.21dCD
	2303	23.91bB	17.65bB	41.38cC	30.55cC	70.17bcB	51.80fE	135.47bcB
	2304	19.48dD	20.69aA	23.43gG	24.89hG	51.25fF	54.43deD	94.16fE
	2305	14.07eE	15.18fF	26.41fF	28.49eE	52.20fF	56.32cC	92.68fE
	贵烟5号	28.27aA	16.35dD	56.37aA	32.61bB	88.20aA	51.03gF	172.84aA
	2307	22.03cC	15.97eE	46.04bB	33.38aA	69.83cBC	50.65ghFG	137.91bB
	2308	19.41dD	16.76cC	33.76dD	29.14dD	62.68eE	54.10eD	115.85eD
	2309	18.92dD	16.38dD	30.19eE	26.13gF	66.42dCD	57.49bB	115.53eD
	2310	21.24cC	16.76cC	41.70cC	32.89bAB	63.83deDE	50.35hG	126.78cC
	2311	—	—	—	—	—	—	—
	K326	22.08cC	17.40bB	35.41dD	27.90fE	69.42cBC	54.70dD	126.92cC

注：2301（WB68）、2302（Ky14）、2303（Beinhart1000-1）、2304（安龙护耳大柳叶）、2305（Va309）、2307（遵烟6号）、2308（柳叶尖0695）、2309（勐板晒烟）、2310（烤烟新品系）、2311（烤烟新品系）

从表 1-2 还可以看出，大部分基因型烟草在移栽到移栽后 50d 生长速度较慢，其干物质积累主要集中在 50~70d，即烟株生长的旺长期，说明这一时期是烟株干物质积累的主要时期。

就不同基因型烟株而言，2303、2307 和贵烟 5 号随着烟株的生长，干物质积累量相对较大，尤其是在生育后期表现强劲。2304 和 2305 的干物质积累的优势不明显，尤其是 2305，在移栽 50d 前生长迅速，在后期生长缓慢，其干物质积累量达到最小。

（三）不同基因型烟草对钾的吸收利用特性比较

1. 烟株不同时期各器官含钾量的差异

由表 1-3 可知，烟草钾含量随器官的不同而不同，并且存在着显著的基因型差异。在移栽后 35d 时，供试的 12 个基因型烟株的根、茎、叶含钾量的变幅分别为 17.67~23.67g/kg、23.11~29.11g/kg、32.22~35.89g/kg。其中各基因型根含钾量的排列顺序为：2304>2301>2308>2309>K326>贵烟 5 号>2305>2307>2310>2303>2311>2302，最大值是最小值的 1.34 倍；各基因型茎含钾量的排列顺序为：2307>2305>2308> 2309>2304>K326>2310>2311>2303>2301>贵烟 5 号>2302，最大值是最小值的 1.26 倍；各基因型叶含钾量的排列顺序为：2304> K326>2305>2307>2309>2301>2310>2308>贵烟 5 号>2302>2311>2303，最大值是最小值的 1.11 倍。

在移栽后 50d 时，除 2301 外，供试的 11 个基因型烟株的根、茎、叶含钾量的变幅分别为 16.56~20.56g/kg、23.78~29.87g/kg、25.33~31.56g/kg。其中各基因型根含钾量的排列顺序为：2304>2309>2311>2305>K326>2307>2308>贵烟 5 号>2302>2303>2310，最大值是最小值的 1.24 倍；各基因型茎含钾量的排列顺序为：2307>2308>2304>2302>2309>贵烟 5 号>K326>2305>2303>2310>2311，最大值是最小值的 1.26 倍；各基因型叶含钾量的排列顺序为：2304>2307>2305>2310>2308>2302>2303>2309>K326>贵烟 5 号>2311，最大值是最小值的 1.29 倍。

在移栽后 70d 时，除 2301 和 2311 外，供试的 10 个基因型烟株的根、茎含钾量的变幅分别为 15.44~20.00g/kg、22.75~28.11g/kg。其中各基因型根含钾量的排列顺序为：2305>2309>2304>2302> 2308>2307>K326>贵烟 5 号>2303>2310，最大值是最小值的 1.29 倍；各基因型茎含钾量的排列顺序为：2304 >2308 >2305 >2302 >2309>2307>2303>K326>2310>贵烟 5 号，最大值是最

表 1-3　各基因型烟株在不同时期各个器官含钾量的比较　　（单位：g/kg）

基因型	移栽后 35d			移栽后 50d			移栽后 70d				
	根	茎	叶	根	茎	叶	根	茎	上部叶	中部叶	下部叶
2301	22. 33bAB	23. 78deE	34. 00cdeBCD	—	—	—	—	—	—	—	—
2302	17. 67fE	23. 11eE	32. 89fgDEF	17. 44efgDEF	28. 44bcAB	30. 46bBC	19. 20abAB	27. 41aAB	25. 41cD	27. 56cC	28. 67dCD
2303	17. 99fDE	24. 11deDE	32. 22gF	17. 11fgEF	25. 83eCD	30. 22bcBC	16. 11deDE	25. 67bB	22. 44dE	25. 89dD	26. 44fE
2304	23. 67aA	26. 11bBC	35. 89aA	20. 56aA	28. 78abAB	32. 56aA	19. 33abAB	28. 11aA	28. 33aAB	29. 11bB	31. 78aA
2305	20. 78dC	26. 44bB	35. 00abcAB	19. 22bcABC	26. 11eCD	31. 22abAB	20. 00aA	27. 67aA	29. 00aA	30. 33aA	31. 33aA
贵烟 5 号	20. 89dC	23. 60deE	33. 56efCDEF	18. 00defCDEF	26. 78deCD	28. 56dC	16. 22deDE	22. 75cC	26. 18cCD	26. 91cCD	29. 80cBC
2307	19. 11eD	29. 11aA	34. 78bcdABC	18. 78bcdBCD	29. 87aA	31. 56abAB	18. 11cBC	25. 67bB	25. 44cD	27. 33cC	30. 89abAB
2308	22. 11bcBC	26. 44bB	33. 67efBCDE	18. 44cdeBCDE	29. 00abA	30. 50bABC	19. 00bcAB	27. 90aA	27. 18bBC	29. 59abAB	31. 16aAB
2309	21. 33cdBC	26. 22bB	34. 56cdeABC	20. 56aA	27. 33cdBC	28. 83cdC	19. 37abAB	26. 89abAB	26. 22cCD	27. 11cC	29. 89bcBC
2310	18. 50efDE	24. 67cdBCDE	33. 89defBCD	16. 56gF	25. 67eD	30. 56bABC	15. 44eE	23. 33cC	25. 56cD	29. 33bAB	27. 44efDE
2311	17. 73fE	24. 30deCDE	32. 33gEF	19. 67abAB	23. 78fE	25. 33eD	—	—	—	—	—
K326	21. 11dBC	25. 78bcBCD	35. 61abA	18. 89bcdBCD	26. 22deCD	28. 56dC	17. 00dCD	25. 56bB	26. 22cCD	26. 94cCD	28. 11deD

注：2301（WB68）、2302（Ky14）、2303（Beinhart1000-1）、2304（安龙护耳大柳叶）、2305（Va309）、2307（遵烟 6 号）、2308（柳叶尖 0695）、2309（勐板晒烟）、2310（烤烟新品系）、2311（烤烟新品系）

小值的 1.24 倍；各基因型上、中、下部叶含钾量的变幅分别为 22.44～29.00g/kg、25.89～30.33g/kg、26.44～31.78g/kg，上部叶排列顺序为：2305>2304>2308>2309>K326>贵烟 5 号>2310>2307>2302>2303，最大值是最小值的 1.29 倍；中部叶排列顺序为：2305>2308>2310>2304>2302>2307>2309>K326>贵烟 5 号>2303；下部叶排列顺序为：2304>2305>2308>2307>2309>贵烟 5 号>2302>K326>2310>2303。

从烟株的整个生育期来看，各基因型烟株根中的钾含量随着时间的推移而逐渐减少，而茎中的钾含量有一个先增高再减少的趋势。在移栽后 70d 时，不同叶位的钾含量均呈现出下部叶>中部叶>上部叶，在生育期前期的含钾量普遍高于后期，这可能是随着烟草干物质量积累增加，植株体内钾含量受到了“稀释作用”的影响而使钾含量有所降低。

2. 烟株不同时期各器官钾积累量的差异

植株体内养分的积累量反映了植株在某一时期对养分的吸收与贮存能力。一般而言，不同作物的养分积累量不同，即使是同一作物，在不同生育期和不同的部位上也会表现出不同程度的差异。

表 1-4 反映了供试的 12 个基因型在不同时期根、茎、叶的钾积累量。从表中可以看出，随着移栽天数的增加，烟株的钾积累量也逐渐增加。在移栽后 35d 时，12 个基因型烟株的钾积累总量为 0.69～1.20g/株，均值为 0.98g/株。与 K326 相比，2311 的总钾积累量增加了 7.14%，2304、2301、贵烟 5 号、2310、2308、2302、2303、2305、2307 和 2309 的总钾积累量分别减少了 2.48%、8.50%、8.65%、10.67%、11.32%、12.07%、16.40%、35.25%、41.62%和 62.91%。

在移栽后 50d 时，除 2301 外的 11 个基因型的根钾积累量为 0.12～0.24g/株，相比于移栽后 35d 时的根钾积累量，2302 增加了 0.09g/株，2303 增加了 0.07g/株，2304 增加了 0.08g/株，2305 增加了 0.15g/株，贵烟 5 号增加了 0.11g/株，2307 增加了 0.09g/株，2308 增加了 0.10g/株，2309 增加了0.14g/株，2310 增加了 0.05g/株，2311 增加了 0.19g/株，K326 增加了 0.12g/株；茎钾积累量为0.21～0.41g/株，2302 增加了 0.16g/株，2303 增加了 0.22g/株，2304 增加了 0.19g/株，2305 增加了 0.29g/株，贵烟 5 号增加了 0.26g/株，2307 增加了 0.15g/株，2308 增加了 0.20g/株，2309 增加了 0.23g/株，2310 增加了 0.25g/株，2311 增加了 0.19g/株，K326 增加了 0.25g/株；叶钾积累量为 0.80～1.15g/株，2302 增加了 0.14g/株，2303 增加了 0.18g/株，2304 增加了 0.14g/株，2305

表 1-4 各基因型烟株在不同时期各个器官钾积累量的比较 （单位：g/株）

基因型	移栽后 35d			移栽后 50d			移栽后 70d				
	根	茎	叶	根	茎	叶	根	茎	上部叶	中部叶	下部叶
2301	0.06bcABC	0.09cdeBCD	0.88bcABC	—	—	—	—	—	—	—	—
2302	0.05cdeCDE	0.10bcBC	0.85bcBC	0.14efEFG	0.26eE	0.99bcB	0.38bBC	0.80fFG	0.50cBC	0.65bcdBCD	0.84bBC
2303	0.05efDEF	0.11bB	0.80cdCD	0.12fG	0.33cC	0.98bcB	0.39bB	1.06cBC	0.45dC	0.59efDE	0.72deEF
2304	0.07aA	0.09cdeBCD	0.93abAB	0.15deDEF	0.28deDE	1.07abAB	0.38bBC	0.66gH	0.37efD	0.44gF	0.74deDE
2305	0.04fFG	0.07fgDE	0.72deDE	0.19bB	0.36bB	1.03bcAB	0.28dD	0.73fgGH	0.38efD	0.55fE	0.66fF
贵烟 5 号	0.07abAB	0.08cdeCDE	0.88bcABC	0.18bcBCD	0.34cBC	1.15aA	0.46aA	1.28aA	0.63aA	0.78aA	1.05aA
2307	0.03gG	0.06gE	0.59fF	0.12fFG	0.21fF	0.96cB	0.40bB	1.18bAB	0.40eD	0.70bB	0.89bB
2308	0.06bcdABC	0.09cdeCD	0.86bcBC	0.16cdCDE	0.29dD	1.04bcAB	0.37bBC	0.94dCDE	0.36fD	0.64cdeBCD	0.87bB
2309	0.04fEFG	0.07efgDE	0.67efEF	0.18bBC	0.30dD	1.04bcAB	0.37bBC	0.81efEFG	0.40eD	0.68bcBC	0.79cCD
2310	0.07abA	0.09bcdBC	0.85bcBC	0.12fG	0.34bcBC	0.97cB	0.33cCD	0.97cdCD	0.40eD	0.67bcBC	0.70efEF
2311	0.05deCDEF	0.22aA	0.93abABC	0.24aA	0.41aA	0.80dC	—	—	—	—	—
K326	0.06cdeBCD	0.08defCDE	0.98aA	0.18bBC	0.33cC	1.03bcAB	0.38bBC	0.91deDEF	0.53bB	0.61deCDE	0.75cdDE

注：2301（WB68）、2302（Ky14）、2303（Beinhart1000-1）、2304（安龙护耳大柳叶）、2305（Va309）、2307（遵烟 6 号）、2308（柳叶尖0695）、2309（勐板晒烟）、2310（烤烟新品系）、2311（烤烟新品系）

增加了 0.31g/株，贵烟 5 号增加了 0.27g/株，2307 增加了 0.37g/株，2308 增加了 0.18g/株，2309 增加了 0.37g/株，2310 增加了 0.12g/株，2311 减少了 0.13g/株，K326 增加了 0.05g/株。

到移栽后 70d 时，除 2310 和 2311 外的 10 个基因型的根钾积累量为0.28~0.46g/株，其值由大到小排列为：贵烟 5 号>2307>2303>2304>2302> K326>2308> 2309> 2310>2305；茎钾积累量为 0.66~1.28g/株，其值由大到小排列为：贵烟 5 号>2307>2303>2310>2308>K326>2309>2302>2305>2304；上部叶钾积累量为 0.36~0.63g/株，均值为 0.44g/株，中部叶钾积累量为 0.44~0.78g/株，均值为 0.63g/株，下部叶钾积累量为 0.66~1.05g/株，均值为 0.80g/株，叶总钾积累量变幅为 1.317~2.588g/株，其值由大到小排列为：贵烟 5 号>2302>2307>K326>2308> 2309>2310> 2303>2305>2304。

总体来看，除了 2311 在移栽后 50d 时的烟叶钾积累量有所下降外（原因可能是 2311 的生育期较短，在移栽后 50d 时已处于现蕾期），其余各基因型烟叶中的钾积累量都呈升高趋势，但升高的幅度不同，且烟株各器官钾积累量呈现出叶>茎>根。

3. 不同基因型烟株不同时期各个器官的钾分配率

不同基因型烟株在不同生育期时根、茎、叶中钾素的分配比例差异明显，结果见表 1-5。不同基因型间在同一时期同一器官中钾分配率也存在着显著的基因型差异。各基因型烟株根、茎、叶中钾素的分配率，在移栽后 35d 分别变化于 4.39%~6.62%、7.27%~18.45%和 77.16%~87.76%，在根中分配率最高的是 2310、在茎中分配率最高的是 2311、在叶中分配率最高的是 K326，在叶片中分配率由高到低排列为：K326>2305>2307> 2301>贵烟 5 号>2304>2308>2309>2302>2310>2303>2311。

除 2301 外，各基因型烟株根、茎、叶中钾素的分配率在移栽后 50d 分别变化于 8.25%~16.73%、16.56%~28.11%和 55.16%~73.93%，在根中和茎中分配率最高都是 2311、在叶中分配率最高的是 2307，在叶片中分配率由高到低排列为：2307 > 2304 > 2302 > 2308 > 贵烟 5 号 > 2303 > 2309 > 2310 > K326 > 2305>2311。

除 2301、2311 外，各基因型烟株根、茎、叶中的分配率在移栽后 70d 分别变化于 10.70%~14.60%、25.29%~33.16%和 54.92%~62.84%，在根中分配率最高的是 2304，在茎中分配率最高的是 2307，在叶中分配率最高的是 2302，在叶片中分配率由高到低排列为：2302>2309>2305>2304>K326>2308>>贵烟 5

号 2310>2307>2303。

除 2301 和 2311 外，其余供试的 10 个基因型烟株，无论是在移栽后 35d、50d，还是 70d，都表现为叶片中的钾素分配率最高，茎中次之，根中的钾素分配率最低。除 2305 和 K326 在第三次测定时根钾积累分配率较第二次略有下降外，其余基因型在 3 个测定时期都表现为根、茎中的钾素分配率随时间的推移而增加，叶中的钾素分配率随时间的推移而减少。说明烟株在移栽前期所吸收的钾主要积累在烟叶中，而到后期，逐渐转移至茎秆和根中，反映出到生育后期，钾从根、茎向叶片运输的能力减弱。

表 1-5　各基因型烟株在不同时期各个器官钾分配率的比较（单位：%）

基因型	移栽后 35d			移栽后 50d			移栽后 70d		
	根	茎	叶	根	茎	叶	根	茎	叶
2301	5. 88bBC	8. 54efDEF	85. 58cdBC	—	—	—	—	—	—
2302	5. 36cDE	9. 95cC	84. 69deCDE	9. 73dCD	19. 07fgFG	71. 20bB	11. 87bcB	25. 29fG	62. 84aA
2303	4. 98dDE	11. 37bB	83. 65fE	8. 28eE	23. 15cBC	68. 57deDE	12. 00bB	33. 08aA	54. 92gG
2304	6. 43aA	8. 14fFG	85. 43cdBC	9. 91cdCD	18. 78gG	71. 31bB	14. 60aA	25. 54fFG	59. 85cCD
2305	5. 15cdDE	8. 21fEFG	86. 64bAB	12. 00bB	22. 82cC	65. 17gG	10. 83deD	28. 11dE	61. 06bBC
贵烟 5 号	6. 35aAB	8. 16fFG	85. 49cdBC	10. 54cC	20. 29eE	69. 17cdCD	10. 91deD	30. 54cBC	58. 55eEF
2307	4. 90dE	9. 24cdeCD	85. 86bcBC	9. 51dD	16. 56hH	73. 93aA	11. 20dCD	33. 16aA	55. 64gG
2308	5. 90bBC	8. 70defDEF	85. 40cdBC	10. 57cC	19. 70efEFG	69. 73cC	11. 61cBC	29. 63cCD	58. 76deDEF
2309	5. 46cCD	9. 24cdeCDE	85. 31cdBCD	11. 76bB	19. 77efEF	68. 48deDE	12. 06bB	26. 71eF	61. 23bB
2310	6. 62aA	9. 36cdCD	84. 02efDE	8. 25eE	23. 98bB	67. 77eEF	10. 70eD	31. 73bB	57. 57fF
2311	4. 39eF	18. 45aA	77. 16gF	16. 73aA	28. 11aA	55. 16hH	—	—	—
K326	4. 97dDE	7. 27gG	87. 76aA	11. 91bB	21. 37dD	66. 72fF	11. 85bcB	28. 57dDE	59. 58cdDE

注：2301（WB68）、2302（Ky14）、2303（Beinhart1000－1）、2304（安龙护耳大柳叶）、2305（Va309）、2307（遵烟 6 号）、2308（柳叶尖 0695）、2309（勐板晒烟）、2310（烤烟新品系）、2311（烤烟新品系）

4. 不同烟株基因型不同生育时期钾素利用效率的比较

钾素利用效率（KUE）是烟草钾素烟叶生产效率，是吸收单位重量的钾素所能生产出来的烟叶的经济产量，也是衡量烟草钾素吸收利用生理效率的重要指标。由表 1-6 可知，在移栽后 35d 时烟株的钾素利用效率最大，随着时间的推移，钾素利用效率逐渐降低。供试的 12 个基因型烟株在移栽后 35d 时的 KUE 平均值为 24. 92%，由大到小排列顺序为：2303>2302>贵烟 5 号>2308>2301>2310>2305>2309>2307>K326>2311>2304。除 2301 外，供试的 11 个基因型烟株在移栽后 50d 时的 KUE 平均值为 22. 78%，由大到小排列顺序为：贵烟

5 号 > 2309 > 2307 > 2302 > K326 > 2308 > 2303 > 2310 > 2304 > 2311 > 2305，2310、2304、2311 和 2305 的 KUE 值显著低于 K326，其余基因型烟株的 KUE 值与 K326 差异不显著。除 2301 和 2311 外，供试的 10 个基因型烟株在移栽后 70d 时的 KUE 平均值为 20.97%，由大到小排列顺序为：2302>K326>2303>2309>贵烟 5 号>2310>2305>2304>2308>2307。2302 的 KUE 值显著高于 K326，除了 2303、2309 和贵烟 5 号与 K326 差异不显著外，其余基因型烟株的 KUE 都显著低于 K326。

表 1-6　各基因型烟株在不同时期钾素利用效率的比较

基因型	移栽后 35d		移栽后 50d		移栽后 70d	
	KUE（%）	排名	KUE（%）	排名	KUE（%）	排名
2301	25.18abAB	5	—	—	—	—
2302	25.77aAB	2	23.39abABC	4	22.92aA	1
2303	25.96aA	1	22.72bcdBCD	7	21.87bAB	3
2304	23.81dC	12	21.92cdeDE	9	19.88eCD	8
2305	24.77bcABC	7	20.89eE	11	20.09deCD	7
贵烟 5 号	25.48abAB	3	24.24aA	1	21.02bcBC	5
2307	24.69bcdBC	9	23.44abABC	3	19.63eD	10
2308	25.37abAB	4	22.86bcABCD	6	19.73eD	9
2309	24.69bcdBC	8	23.76abAB	2	21.86bAB	4
2310	24.80bABC	6	22.19cdCDE	8	20.82cdBCD	6
2311	23.88cdC	11	21.78deDE	10	21.92bAB	—
K326	24.65bcdBC	10	23.37abABC	5	21.92bAB	2

注：2301（WB68）、2302（Ky14）、2303（Beinhart1000－1）、2304（安龙护耳大柳叶）、2305（Va309）、2307（遵烟 6 号）、2308（柳叶尖 0695）、2309（勐板晒烟）、2310（烤烟新品系）、2311（烤烟新品系）

二、盆栽条件下不同基因型烟株钾效率的差异

试验采用单因素完全随机设计，共有 12 个烟株基因型。试验共 12 个处理，每个处理栽种 10 盆，每盆 1 株，共计 120 盆。每盆按 N：P：K 为 1：2：3 作施肥处理。

（一）植物学性状

1. 株高

各基因型烟株株高由表 1-7 可知，供试的 12 个基因型烟株的株高存在着

极显著的基因型差异，株高平均值为 92.7cm，变化幅度为 68.7~124.0cm，由高到低排列顺序为：2303>贵烟 5 号>2311>2308>K326>2310>2309>2302>2301>2305>2307>2304。2303、贵烟 5 号和 2311 的株高极显著高于 K326，分别高出了 26.79%、19.94%和 15.64%，2301、2302、2308、2309 与 K326 的株高差异不显著，2304、2305、2310 和 2307 的株高显著低于 K326，分别低了 29.75%、12.78%、2.56%、14.62%。2304 烟株的株高显著低于其余基因型烟株。

表 1-7　不同基因型烟株农艺性状

基因型	株高（cm）	最大叶片		节距（cm）	茎围（cm）	叶数（片）
		叶长（cm）	叶宽（cm）			
2301	88.6bcB	44.3bcBCD	19.0bcBCD	8.4aAB	5.8cdBC	20.7efEF
2302	88.7bcB	49.3bB	22.3aA	5.7bcdCD	7.0aA	23.3cdCD
2303	124.0aA	41.7cCDE	21.0abAB	8.7aA	6.0bcABC	25.7abABC
2304	68.7dC	40.7cDE	16.2dD	4.7cdD	6.2bcABC	19.3fgEFG
2305	85.3cB	40.3cDE	16.3dD	5.5bcdCD	4.7efD	18.3gFG
贵烟 5 号	117.3aA	48.3bBC	21.7aAB	6.1bcBCD	6.3abcAB	24.7bcBC
2307	83.5cBC	56.7aA	22.7aA	5.3cdCD	6.0bcABC	26.7aAB
2308	98.7bB	44.7bcBCD	20.3abABC	4.7cdD	6.7abAB	27.3aA
2309	93.9bcB	49.3bB	21.5aAB	4.1dD	6.3abcAB	26.3aAB
2310	95.3cB	35.0dEF	17.3cdCD	5.7bcdCD	4.5efD	17.7gG
2311	113.1cBC	31.0dF	16.5dD	5.3cdCD	4.0fD	14.7hH
K326	97.8bB	49.0bB	16.2dD	7.2abABC	5.1deCD	21.7deDE

注：2301（WB68）、2302（Ky14）、2303（Beinhart1000-1）、2304（安龙护耳大柳叶）、2305（Va309）、2307（遵烟 6 号）、2308（柳叶尖 0695）、2309（勐板晒烟）、2310（烤烟新品系）、2311（烤烟新品系）

2. 叶长和叶宽

从表 1-7 中可以看出，供试的 12 个基因型烟株的叶长和叶宽都存在着极显著的基因型差异，就叶长而言，其平均值为 44.19cm，变化幅度为 31.0~56.7cm，由高到低排列顺序为：2307>2302>2309>K326>贵烟 5 号>2308>2301>2303>2304>2305>2310>2311。2307 的叶长极显著高于其余基因型，2302、2309、K326、2308 和 2301 间的叶长差异不显著，2303、2304、2305、

2310 和 2311 的叶长与 K326 的叶长相比分别减少了 14.90%、16.94%、17.76%、28.57%和 36.73%，其中 2310 和 2311 的叶长要显著低于其余基因型烟株。

就叶宽而言，其平均值为 19.25cm，变化幅度为 16.2~22.7cm，由高到低排列顺序为：2307>2302>贵烟 5 号>2309>2303>2308>2301>2310>2311>2305>K326>2304。2307 的叶宽比 2304 的叶宽长 6.5cm，K326 排在第十一位。其中，2307、2302、贵烟 5 号、2309、2303、2308 和 2301 与 K326 的叶宽呈显著性差异，2310、2311、2305 和 2304 与 K326 的叶宽差异不显著。

3. 茎围、节距和叶片数

对各基因型烟株的茎围进行方差分析，多重比较表明：2302、2308、2309 和贵烟 5 号与 K326 表现为差异极显著，2311 与 K326 表现为差异显著，其余基因型烟株的茎围与 K326 表现为差异不显著；茎围平均值为 5.7cm，变化幅度为 4.0~7.0cm，由高到低排列顺序为：2302>2308>2309>贵烟 5 号>2304>2307>2303>2301>K326>2305>2310>2311。

12 个基因型烟株的节距平均值为 6.0cm，变化幅度为 4.1~8.7cm，由高到低排列顺序为：2303>2301> K326>贵烟 5 号>2302>2310>2305>2311>2307>2308>2304>2309。对各基因型烟株的节距进行方差分析，多重比较表明：2304、2308 和 2309 与 K326 表现为差异极显著，2311、2307 与 K326 表现为差异显著，其余基因型烟株的节距与 K326 表现为差异不显著。

对各基因型烟株的叶片数进行方差分析，多重比较表明：2303、2305、2307、2308、2309、2310、2311 和贵烟 5 号与 K326 表现为差异极显著，2304 与 K326 表现为差异显著，2301、2302 与 K326 表现为差异不显著；叶片数平均值为 22.2 片，变化幅度为 14.7~27.3 片，由高到低排列顺序为：2308>2307>2309>2303>贵烟 5 号>2302>K326>2301>2304>2305>2310>2311。

从农艺性状上来看，2303 和贵烟 5 号较其他基因型来说表现更好，叶片数多，株高更高，而 2304 和 2311 的长势较弱，2304 的株型较为矮小，2311 的茎秆较弱，叶数少。

（二）烟株根系体积的差异

根系体积是烟株根系发育状况的直接反映，根系发育状况与地上部烟株的生长发育、烟叶品质及其经济产量密切相关。在烟株生长发育过程中，根系体积的扩大对地上部分良好的生长发育具有十分重要的意义，同时，根系发育状况与烟叶内钾含量呈显著正相关，因此，促进根系发育对提高烟叶品质有积极作用。

图 1-1 反映了 12 个基因型烟株根系体积的状况。可以看出，不同基因型烟株的根系体积存在着差异，根系体积由大到小排列顺序为：贵烟 5 号>2303>2309>2307>2305>2304>2308>2310>K326>2302>2301>2311。对各基因型烟株的根系体积进行方差分析，多重比较表明：2311、2303、贵烟 5 号、2309、2307 和 2305 与 K326 相比呈显著差异，2304、2308、2310、2301 和 2302 与 K326之间不存在显著差异。贵烟 5 号、2303、2309、2307、2305、2304、2308 和 2310 分别比 K326 的根系体积高出了 47. 14%、39. 00%、35. 63%、28. 81%、17. 30%、12. 75%、9. 17%和 8. 13%，2302、2301 和 2311 分别比 K326 的根系体积低了 3. 45%、6. 82%和 19. 50%。

就根系体积而言，贵烟 5 号和 2303 表现最好，2311 表现较差，最大值（贵烟 5 号）是最小值（2311）的 1. 83 倍，相差了 96. 7cm^3。

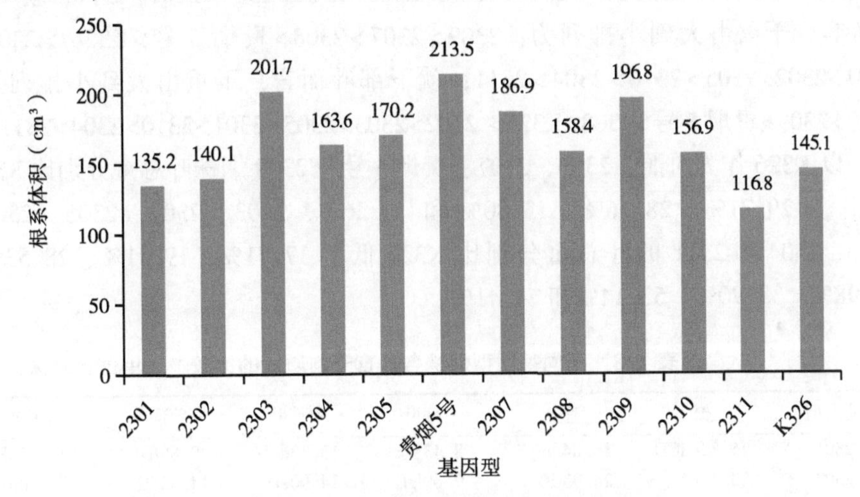

图 1-1 不同基因型烟株根系体积的差异比较

注：2301（WB68）、2302（Ky14）、2303（Beinhart1000-1）、2304（安龙护耳大柳叶）、2305（Va309）、2307（遵烟 6 号）、2308（柳叶尖 0695）、2309（勐板晒烟）、2310（烤烟新品系）、2311（烤烟新品系）

（三）烟株干物质积累差异

1. 干物质量

不同基因型烟株根、茎、叶干物质量的差异比较如表 1-8 所示。12 个基因型烟株的根干重变幅为 14. 50~23. 42g/株极差达 8. 92g/株，最大值（2302）是最小值（2304）的 1. 62 倍。根干重由大到小排列为：2302>贵烟 5 号>2309>

2308>2307>2303>K326>2301>2305>2311>2310>2304。通过方差分析进行多重比较表明，2302、贵烟5号和2309与K326间呈极显著差异，2308的根干重显著高于K326，其余基因型烟株的根干重与K326无显著差异。

茎干重变幅为12.34～38.95g/株极差达26.61g/株，最大值（贵烟5号）是最小值（2311）的3.16倍。茎干重由大到小排列为：贵烟5号>2303>2309>2308>2302>2307>K326>2305>2301>2304>2310>2311。与K326相比，贵烟5号、2303、2309、2308、2302和2307的茎干重分别高出K326茎干重的98.42%、85.48%、59.45%、54.56%、27.00%和26.85%。

叶总干重变幅为12.30～62.34g/株，极差达50.04g/株，最大值（2309）是最小值（2311）的5.08倍。就上部叶而言，干重由大到小排列为：贵烟5号>2309>2307>2308>2303>2310>K326>2305>2302>2304>2301>2311；就中部叶而言，干重由大到小排列为：2309>2307>2308>贵烟5号>K326 >2303>2301>2302>2305>2310>2304>2311；就下部叶而言，干重由大到小排列为：2307>2309>贵烟5号>2308>K326> 2302>2303>2305>2301>2310>2304>2311。

以K326作为对照，2309、2307、贵烟5号和2308烟株叶总重分别比K326高出了29.71%、28.76%、13.80%和10.26%，2303、2302、2305、2301、2310、2304和2311的叶总重分别比K326低了17.71%、19.31%、28.53%、29.98%、33.90%、53.14%和74.41%。

表1-8　不同基因型烟株各器官干物质量的比较　（单位：g/株）

基因型	根	茎	上部叶	中部叶	下部叶	叶总重
2301	15.82cdCD	16.84fgFG	8.43gE	15.33deD	9.89fDE	33.65eE
2302	23.42aA	24.93dD	9.09fgDE	14.90eD	14.80dC	38.78dD
2303	16.51cdBCD	36.41bB	12.12cB	16.09dD	11.34eD	39.55dD
2304	14.50dD	16.82gFG	8.67gDE	9.95hF	3.89gF	22.52fF
2305	15.79dCD	18.64efEF	10.15efCD	13.09fE	11.11eD	34.35eE
贵烟5号	22.39aA	38.95aA	16.82aA	19.62cC	18.24bcB	54.69bB
2307	17.91bcBC	24.90dD	15.66bA	25.03bB	21.19aA	61.88aA
2308	18.70bB	30.34cC	15.47bA	19.71cC	17.81bcB	52.99bB
2309	21.98aA	31.30cC	15.89abA	27.57aA	18.87bB	62.34aA
2310	14.73dD	16.01gG	11.38cdBC	11.05gF	9.34fE	31.77eE
2311	14.81dD	12.34hH	5.27hF	4.72iG	2.32hG	12.30gG
K326	16.36cdBCD	19.63eE	10.93deBC	19.50cC	17.63cB	48.06cC

注：2301（WB68）、2302（Ky14）、2303（Beinhart1000－1）、2304（安龙护耳大柳叶）、2305（Va309）、2307（遵烟6号）、2308（柳叶尖0695）、2309（勐板晒烟）、2310（烤烟新品系）、2311（烤烟新品系）

分析比较12个基因型烟株的整株干重，由大到小排列顺序为：贵烟5号>2309>2307>2308>2303>2302>K326>2305>2301>2310>2304>2311，其中2309和贵烟5号的整株干重极显著高于其余基因型。

2. 各器官干物质分配率

由图1-2可以看出，除2311外，其余11个基因型烟株根、茎、叶的干物质分配率都表现为叶>茎>根，2311烟株的根、茎、叶干物质分配率则表现为根>茎>叶，分别为34.20%、32.96%和32.83%。这与2311本身的生长状况有关，在移栽后30d左右时，已进入现蕾期，整个生育期短，叶片数少，且茎秆生长较弱，整体来看其干物质分配率与其农艺性状的表现相吻合。其余11个基因型烟株的根、茎、叶分配率分别为15.45%~25.14%、23.92%~40.27%、43.42%~60.30%，这说明干物质总是偏向生长较为旺盛的组织中分配。

分析各个基因型烟株的干物质分配率与K326的关系可知：2301烟株根、茎、叶的干物质分配率与K326相比差异显著，根分配率高于K326的23.05%，叶分配率低于K326的10.77%，茎分配率高出K326的9.52%；2302烟株的叶、茎和根的分配率都与K326相比达到了极显著差异，叶分配率低于K326的22.29%，茎分配率高出K326的22.54%，根分配率高出K326的43.91%；2303烟株的叶和茎的分配率与K326相比达到了极显著差异，叶分配率低于K326的25.43%，茎分配率高出K326的68.36%，根的分配率与K326差异不显著；2304烟株的叶、茎和根的分配率都与K326相比达到了极显著差异，叶分配率低于K326的25.93%，茎分配率高出K326的35.67%，根分配率高出K326的38.14%；2305烟株的叶、茎和根的分配率都与K326相比达到了极显著差异，叶分配率低于K326的12.28%，茎分配率高出K326的16.75%，根分配率高出K326的18.23%；贵烟5号烟株的叶和茎的分配率与K326相比达到了极显著差异，叶分配率低于K326的18.19%，茎分配率高出K326的42.86%，根的分配率与K326差异不显著；2307烟株的叶和茎的分配率与K326未达到极显著差异，根的分配率与K326差异显著，低于K326的11.55%；2308烟株的根分配率与K326相比差异不显著，茎的分配率低于K326的26.79%，叶的分配率与K326差异极显著，低于K326的9.55%；2309烟株根的分配率与K326相比差异不显著，叶和茎的分配率与K326差异极显著，分别低于K326的6.35%、高出K326的15.19%；2310烟株叶的分配率低于K326的10.46%，根的分配率高于K326的20.64%，茎的分配率高出K326的10.55%。

烟草是以收获叶片为主的经济作物，其干物质量决定了产量。就干物质分配率而言，2307、2309 和 K326 的表现较为良好，有较高的叶干物质量分配率，具有获得较高产量的趋势。

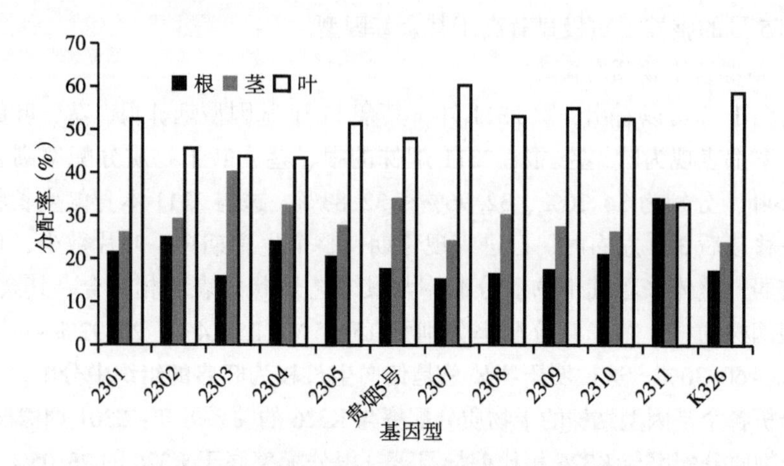

图 1-2　不同基因型烟株各部位干物质分配率

注：2301（WB68）、2302（Ky14）、2303（Beinhart1000-1）、2304（安龙护耳大柳叶）、2305（Va309）、2307（遵烟 6 号）、2308（柳叶尖 0695）、2309（勐板晒烟）、2310（烤烟新品系）、2311（烤烟新品系）

（四）钾素积累与分配

1. 钾含量及钾积累量

由表 1-9 可知，烟草钾含量随器官的不同而不同，并且存在着显著的基因型差异。供试的 12 个基因型烟株的根和茎含钾量的平均值分别为 12.12g/kg、35.48g/kg，变幅分别为 9.56～17.44g/kg、31.22～39.83g/kg。其中各基因型根含钾量的排列顺序为：2311>2310>K326>2304>2307>2301>2309>2305>2303>2308>贵烟 5 号>2302，最大值是最小值的 1.82 倍；各基因型茎含钾量的排列顺序为：2311>2304>2301>2310>2305>K326>2307>2302>2303>2308>2309>贵烟 5 号，最大值是最小值的 1.28 倍。

各基因型各部位烟叶钾含量表现为下部叶>中部叶>上部叶，上部、中部和下部叶片含钾量的平均值分别为 37.47g/kg、39.10g/kg 和 40.51g/kg，变幅为 33.64～41.17g/kg、35.51～42.00g/kg、37.58～43.56g/kg。上部叶钾含量的排列顺序为：2301>2304>2305>K326>2310>2302>2311>2309>2308>2303>贵烟 5 号>2307，最大值是最小值的 1.22 倍；中部叶钾含量的排列顺序为：2301>2304>2305>2310>K326>2302>2311>2309>2303>2308>贵烟 5 号>2307，最大值是最小值

表 1-9 不同基因型烟株各个器官钾含量及积累量的比较

基因型	根		茎		上部叶		中部叶		下部叶	
	钾含量（g/kg）	钾积累量（g/株）	钾含量（g/kg）	钾积累量（g/株）	钾含量（g/kg）	钾积累量（g/株）	钾含量（g/kg）	钾积累量（g/株）	钾含量（g/kg）	钾积累量（g/株）
2301	11. 56deDE	0. 16cdBC	38. 11abcABC	0. 64eE	41. 17aA	0. 35cCD	42. 00aA	0. 64efDE	43. 56aA	0. 43deDE
2302	9. 56gF	0. 21abAB	34. 17efDEF	0. 85dCD	37. 89bcdBCD	0. 35cCD	39. 53bcBCD	0. 59fgEF	40. 89bcBCD	0. 61cC
2303	10. 52efgDEF	0. 15dBC	33. 22fgEFG	1. 21aA	35. 33efgEFG	0. 43bBC	37. 56deDEF	0. 60fgEF	38. 67deE	0. 44deDE
2304	12. 44dCD	0. 16dBC	38. 43abAB	0. 65eE	39. 60abAB	0. 34cD	41. 67aAB	0. 41hH	43. 22aA	0. 17fF
2305	10. 67efgDEF	0. 15dC	36. 47cdBCD	0. 68eE	39. 50abAB	0. 40bcBCD	41. 67aAB	0. 55gFG	43. 55aA	0. 48dD
贵烟 5 号	10. 00fgEF	0. 20abABC	31. 22hG	1. 22aA	34. 44fgFG	0. 58aA	35. 97efEF	0. 71deCD	37. 67eE	0. 69bBC
2307	11. 83deDE	0. 19abcdABC	35. 76deCDE	0. 89cdBC	33. 64gG	0. 53aA	35. 51fF	0. 89bB	37. 58eE	0. 80aA
2308	10. 50efgDEF	0. 18bcdABC	33. 11fgFG	1. 01bB	36. 17defDEF	0. 56aA	37. 11defDEF	0. 73cdCD	38. 78deDE	0. 69bB
2309	11. 11defDEF	0. 22aA	31. 50ghG	0. 99bcBC	36. 89deCDEF	0. 59aA	38. 22cdCDE	1. 05aA	39. 11deDE	0. 74abAB
2310	15. 78bAB	0. 20abcABC	37. 89bcABC	0. 61eEF	38. 78bcABC	0. 44bB	41. 44aAB	0. 46hGH	42. 00abAB	0. 39eE
2311	17. 44aA	0. 22aA	39. 83aA	0. 49fF	37. 33cdBCDE	0. 20dE	38. 30cdCDE	0. 18iI	39. 53cdCDE	0. 09gF
K326	14. 00cBC	0. 20abABC	36. 00deBCD	0. 71eDE	38. 89bcABC	0. 43bBCD	40. 24abABC	0. 78cC	41. 56bABC	0. 73bAB

注：2301（WB68）、2302（Ky14）、2303（Beinhart1000-1）、2304（安龙护耳大柳叶）、2305（Va309）、2307（遵烟 6 号）、2308（柳叶尖0695）、2309（勐板晒烟）、2310（烤烟新品系）、2311（烤烟新品系）

的 1. 18 倍；下部叶钾含量的排列顺序为：2301>2305>2304>2310>K326>2302>2311>2309>2308>2303>贵烟 5 号>2307，最大值是最小值的 1. 16 倍。

就钾积累量而言，各基因型烟株均表现为叶>茎>根。根钾积累量平均值为 0. 19g/株，最大值（2311）是最小值（2305）的 1. 47 倍，对 12 个基因型烟株根钾积累量进行排序：2311>2309>2302>贵烟 5 号>K326>2310>2307>2308>2301>2304>2303>2305。与 K326 相比，2301、2303、2304 和 2305 与其达到显著差异，其余基因型与其差异不显著；茎钾积累量平均值为 0. 83g/株，变幅为 0. 49~1. 22g/株，其中贵烟 5 号的茎钾积累量最大，2311 的茎钾积累量最小。与 K326 相比，除了 2301、2304、2310 和 2305 外，其余基因型烟株的茎钾积累量都与 K326 的呈显著差异。

各基因型烟株的烟叶总钾积累量变幅为 0. 47~2. 38g/株，2309 的叶总钾积累量最大，2311 的叶总钾积累量最小，前者是后者的 5. 06 倍，2311 的叶总钾积累量低，与其叶片数少、烟叶干物质量少密切相关。就上部烟叶钾积累量进行排序：2309>贵烟 5 号>2308>2307>2310>2303>K326>2305>2301>2302>2304>2311，其中 2305、2310 和 2303 与 K326 间差异不显著，其余基因型的上部叶钾积累量与 K326 差异显著；就中部烟叶钾积累量进行排序：2309>2307>K326>2308>贵烟 5 号>2301>2303>2302>2305>2310>2304>2311，其中 2308 与 K326 差异不显著，其余基因型烟株的中部叶钾积累量与 K326 差异显著；就下部烟叶钾积累量进行排序：2307>2309>K326>2308>贵烟 5 号>2302>2305>2303>2301>2310>2304>2311。

2. 烟株各部位钾积累分配率

供试的 12 个基因型烟株根、茎、叶的钾积累分配率如图 1-3 所示。整体来看，各基因型烟株各部位的分配率表现为叶>茎>根。根钾分配率变幅为 5. 38%~18. 86%，均值为 7. 91%，2311、2310 和 2304 的根钾分配率较高，显著高于其余基因型，K326 排名第六，2302、2301、2305 和 2309 与 K326 差异不显著，2307、2303、2308 和贵烟 5 号的根钾分配率显著低于 K326；茎钾分配率变幅为 24. 78%~42. 72%，均值为 32. 45%，K326 的茎钾分配率显著低于其余基因型；叶钾分配率变幅为 39. 60%~68. 16%，均值为 59. 65%，由大到小排序为：K326>2307> 2309>2301>2305>2308>2310>2302>贵烟 5 号>2304>2303>2311。2307、2309、2301、2305、2308、2310、2302、贵烟 5 号、2304、2303 和 2311 的叶钾分配率分别比 K326 低 1. 35%、2. 68%、6. 21%、7. 07%、7. 95%、9. 72%、13. 05%、14. 71%、21. 38%、23. 85%和 41. 91%。

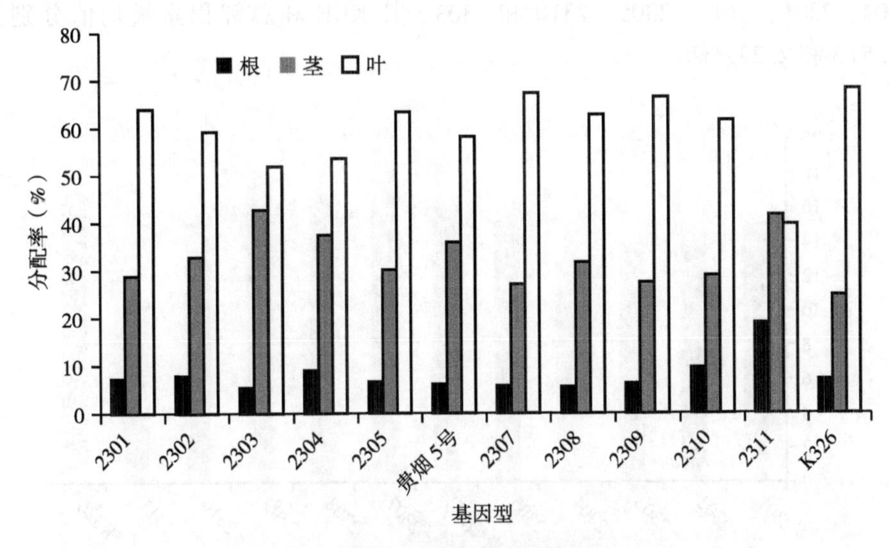

图 1-3　不同基因型烟株各部位钾积累分配率

注：2301（WB68）、2302（Ky14）、2303（Beinhart1000-1）、2304（安龙护耳大柳叶）、2305（Va309）、2307（遵烟6号）、2308（柳叶尖0695）、2309（勐板晒烟）、2310（烤烟新品系）、2311（烤烟新品系）

烟草各部位钾素积累分配率反映了烟株对钾素的吸收和再分配的能力，在生产上要求烟叶要具有较高的钾含量，以保证烟叶的质量，就钾素分配率来看，K326 和 2307 的表现最好，其叶钾分配率显著高于其他基因型烟株。

3. 各基因型钾素利用效率

各基因型烟株钾素利用效率如图 1-4 所示。供试的 12 个基因型烟株的 KUE 均值为 15.32%，变幅为 10.39%～18.82%，由大到小排列顺序为 2307>2309>K326>2308>贵烟 5 号>2305>2310>2301>2302>2303>2304>2311。通过方差分析进行多重比较可知，2307、2309、K326、2308 和贵烟 5 号间不存在显著差异，并显著高于其余基因型烟株，2311 的 KUE 显著低于其余基因型。就 KUE 来看，2307 和 2309 的表现更为良好，KUE 值的高低代表着烟株利用体内的钾素生产烟叶干物质量的能力，值越高，代表其钾素利用能力越强，因此，2309 和 2307 这两个基因型烟株具有高效利用钾素的潜力。

由图 1-4 可知，12 个基因型除 2311 外，可分为高效钾吸收利用型和低效钾吸收利用型。高效钾吸收利用型包括 2308、K326、贵烟 5 号、2307 和 2309，其 KUE 和总钾积累量均值分别为 17.20%和 3.26g/株。低效钾吸收利用型包括

2304、2301、2302、2305、2310 和 2303，其 KUE 和总钾积累量均值分别为 14.57%和 2.29g/株。

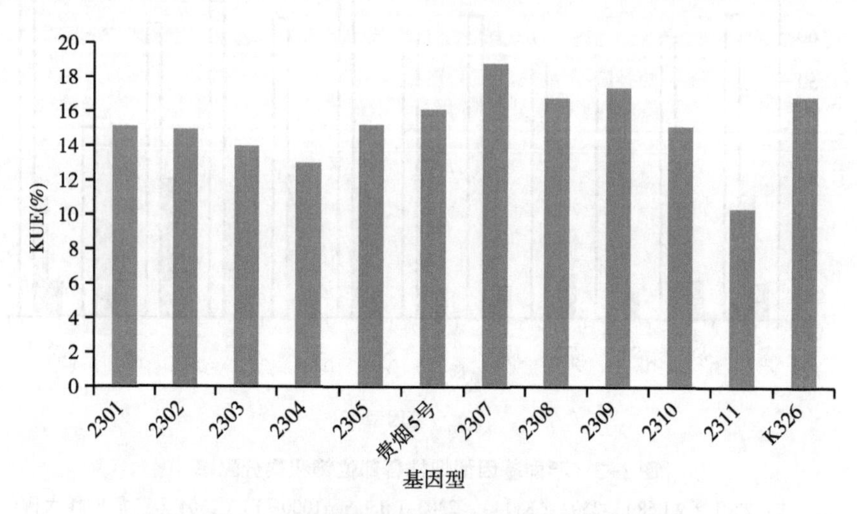

图 1-4　各基因型烟株钾素利用效率的比较

注：2301（WB68）、2302（Ky14）、2303（Beinhart1000-1）、2304（安龙护耳大柳叶）、2305（Va309）、2307（遵烟 6 号）、2308（柳叶尖 0695）、2309（勐板晒烟）、2310（烤烟新品系）、2311（烤烟新品系）

三、水培条件下不同基因型烟苗生长及营养特性

试验采用两因素裂区设计，主区为钾浓度，共设 3 个钾浓度水平，分别为 0.2mmol/L、1.0mmol/L、5.0mmol/L，副区为烟草基因型，共有 12 个烟草基因型。试验共 36 个处理，每处理栽烟 4 列即 40 孔，每处理重复 3 次。

（一）不同钾浓度处理对烟苗生长状况的影响

1. 形态特征

由表 1-10 可知，在 0.2mmol/L、1.0mmol/L、5.0mmol/L 钾浓度处理下，供试的 12 个基因型烟株在同一钾处理的株高和根长都存在显著的基因型差异。在 0.2mmol/L 钾浓度处理下，株高范围为 4.4～17.2cm，2311 的株高值最大，2305 的株高值最小；根长范围为 2.3～4.3cm，2308 与 2307 的根长值最大，2305 的根长值最小。

表 1-10　不同钾浓度处理下各基因型烟株形态特征分析

基因型	0.2mmol/L			1.0mmol/L			5.0mmol/L		
	株高（cm）	根长（cm）	叶片数（片）	株高（cm）	根长（cm）	叶片数（片）	株高（cm）	根长（cm）	叶片数（片）
2301	9.3dD	4.0abABC	4.7bAB	10.6 cC	4.2bA	5.0abAB	11.7dDE	5.3aAB	5.3bcABC
2302	5.8fF	3.5cdCD	4.3bB	8.9dD	3.6cBC	4.7bAB	12.2cCD	3.7deEF	5.0bcdBC
2303	6.2eEF	3.7bcBCD	4.0bB	9.3dD	4.5abA	4.3bB	12.4cC	4.8bBC	4.3dC
2304	5.3gG	3.7bcBC	4.7bAB	8.8dD	3.8cB	4.7bAB	12.3cC	4.0dDE	5.3bcABC
2305	4.4hH	2.3fF	4.3bB	4.7hG	2.3eD	4.3bB	4.9hI	2.5fG	4.7cdBC
贵烟5号	5.0gG	3.2deDE	4.3bB	7.8eE	3.2dC	4.7bAB	10.4eF	3.3eF	5.7abAB
2307	12.2bB	4.3aA	5.7aA	13.9bB	4.3abA	5.7aA	15.5bB	5.4aA	6.3aA
2308	6.5eE	4.3aA	4.7bAB	8.9dD	4.4abA	5.0abAB	11.3dE	4.7bcC	5.7abAB
2309	10.0cC	4.0abABC	4.3bB	11.1cC	4.6aA	4.7bAB	12.5cC	4.7bcC	5.0bcdBC
2310	4.5hH	3.0eE	4.7bAB	6.3fF	3.6cBC	4.7bAB	8.4fG	3.9dDE	5.7abAB
2311	17.2aA	4.1aAB	4.3bB	19.3aA	4.2bA	4.7bAB	21.3aA	4.4cCD	6.3aA
K326	5.2gG	2.4fF	4.0bB	5.5gF	3.5cBC	4.3bB	5.8gH	3.8dE	4.3dC

注：2301（WB68）、2302（Ky14）、2303（Beinhart1000-1）、2304（安龙护耳大柳叶）、2305（Va309）、2307（遵烟6号）、2308（柳叶尖0695）、2309（勐板晒烟）、2310（烤烟新品系）、2311（烤烟新品系）

在1mmol/L钾浓度处理下，株高平均值为9.6cm，最大值（2311）是最小值（2305）的4.1倍；根长平均值为3.9cm，最大值（2309）是最小值（2305）的2.0倍。

在5mmol/L钾浓度处理下，株高平均值为11.6cm，范围为4.9~21.3cm，2311的株高值最大，2305的株高值最小；根长平均值为4.2cm，范围为2.5~5.4cm，2307的根长值最大，2305的根长值最小。随着钾浓度的增加，2305的增长幅度较小，且在各个处理下株高值和根长值都最小。

在0.2mmol/L、1.0mmol/L、5.0mmol/L钾浓度下叶片数分别为4.5片/株、4.7片/株和5.3片/株，由此可见，随钾浓度的增加，各基因型烟株的叶片数有增多的趋势，但影响不大。2307的叶片数在3个处理下均是最多的。

2. 烟株鲜干重及根冠比

12个基因型烟株在同一钾浓度溶液下处理两周后，其干物质积累量也表现出基因型间的显著差异，而在不同钾浓度处理下，同一基因型烟株的表现也不同。

随着钾浓度的升高，各基因型烟株的鲜干重都呈现出逐渐增大的趋势。在0.2mmol/L钾浓度处理下，12个基因型烟株的整株鲜重变幅为1.15~5.37g/株，其中最大值为2307，最小值为2305。整株干重变幅为0.06~0.23g/株，最大值

(2307) 是最小值 (2305) 的 3. 83 倍。干重根冠比变幅为 0. 06~0. 19，由大到小排列顺序为：2301>2309>K326>2302>2310>2304>贵烟 5 号>2303>2305>2307>2308>2311。

在 1. 0mmol/L 钾浓度处理下，12 个基因型烟株的整株鲜重变幅为 1. 59~7. 59g/株，最大值 (2307) 是最小值 (2305) 的 4. 77 倍。12 个基因型烟株的整株干重变幅为 0. 06~0. 28g/株，均值为 0. 13g/株，由大到小排列顺序为：2307>2311>2309>2301>2304>2302>2303>贵烟 5 号>2308>K326>2310>2305，其中 2310 和 2305 与 K326 的整株干重差异不显著，其余基因型烟株的整株干重都显著高于 K326。干重根冠比均值为 0. 17，最大值 (2303) 的根冠比为 0. 28，最小值 (2311) 的根冠比为 0. 08。

在 5. 0mmol/L 钾浓度处理下，12 个基因型烟株的整株鲜重变幅为 2. 16~9. 62g/株，均值为 4. 69g/株，各基因型烟株的整株鲜重与 0. 2 mmol/L 钾处理下相比，是 0. 2mmol/L 钾处理下的 1. 06~2. 15 倍。整株干重由大到小排列顺序为：2307>2309>2304>2301>2311>2302>贵烟 5 号>2303>K326>2308>2305>2310，变幅为 0. 08~0. 45g/株，各基因型烟株的整株干重与 0. 2mmol/L 钾处理下相比，是 0. 2mmol/L 钾处理下的 1. 46~2. 16 倍。干重根冠比变幅为 0. 07~0. 25，由大到小排列顺序为：2309>2303>2301>2308>K326>贵烟 5 号>2307>2310>2304>2305>2302>2311，其中 2309 的根冠比显著高于 K326，2302 和 2311 的根冠比显著低于 K326，其余基因型与 K326 间不存在显著差异。

从表 1-11 中可以看出，各基因型烟株的鲜重及干重都随着钾浓度的升高而逐渐增大，在 0. 2mmol/L 钾处理下，12 个基因型烟株的地上部干物质量和根干重均表现出最低值，而不同浓度的钾处理对各基因型烟株的干重根冠比没有显著影响。在 0. 2mmol/L、1. 0mmol/L、5. 0mmol/L 钾浓度处理下，2307 的干物质量均极显著高于其余基因型。

表 1-11　不同钾浓度处理下各基因型烟株鲜干重及根冠比分析

K 浓度 (mmol/L)	基因型	根鲜重 (g)	根干重 (g)	冠鲜重 (g)	冠干重 (g)	根冠比
0. 2	2301	0. 33bA	0. 02bB	2. 45dD	0. 10cC	0. 19aA
	2302	0. 23cB	0. 01cBC	2. 20deDEF	0. 09cdCD	0. 16bcABC
	2303	0. 36abA	0. 01cdCD	1. 86fFG	0. 09cdCD	0. 13cdefBCDE
	2304	0. 23cB	0. 01cBC	2. 31dDE	0. 10cC	0. 15bcdBCDE

（续表）

K 浓度（mmol/L）	基因型	根鲜重（g）	根干重（g）	冠鲜重（g）	冠干重（g）	根冠比
0.2	2305	0. 09eC	0. 01fE	1. 06hI	0. 05fF	0. 12defCDE
	贵烟 5 号	0. 16dBC	0. 01deCDE	1. 57gGH	0. 07deDEF	0. 14bcdeBCDE
	2307	0. 38abA	0. 02aA	4. 99aA	0. 21aA	0. 11efDE
	2308	0. 14deBC	0. 01defDE	1. 99efEF	0. 08cdCDE	0. 11fE
	2309	0. 40aA	0. 02aA	3. 26cC	0. 14bB	0. 17abAB
	2310	0. 12deC	0. 01efDE	1. 07hI	0. 05fF	0. 15bcABCD
	2311	0. 16dBC	0. 01deCDE	4. 60bB	0. 16bB	0. 06gF
	K326	0. 16dBC	0. 01deCDE	1. 29ghHI	0. 06efEF	0. 17abAB
1.0	2301	0. 37bCD	0. 02cCD	3. 29dD	0. 13dD	0. 18dCD
	2302	0. 26cdE	0. 02deE	3. 30dD	0. 12dDE	0. 14eDE
	2303	0. 44bBC	0. 03bBC	2. 38eE	0. 10eEF	0. 28aA
	2304	0. 28cDE	0. 02dDE	3. 65dD	0. 13dCD	0. 14eE
	2305	0. 15eF	0. 01fF	1. 44fF	0. 05fG	0. 19cdBC
	贵烟 5 号	0. 21cdeEF	0. 01defEF	2. 60eE	0. 09eF	0. 14eDE
	2307	0. 56aA	0. 03aA	7. 03aA	0. 25aA	0. 14eDE
	2308	0. 19deEF	0. 01efEF	2. 52eE	0. 09eF	0. 13eE
	2309	0. 52aAB	0. 03aAB	4. 24cC	0. 15cC	0. 22bBC
	2310	0. 20deEF	0. 01efEF	1. 54fF	0. 05fG	0. 23bB
	2311	0. 20deEF	0. 02deEF	5. 01bB	0. 18bB	0. 08fF
	K326	0. 21cdeEF	0. 01defEF	1. 63fF	0. 06fG	0. 21bcBC
5.0	2301	0. 45bB	0. 03bcBC	5. 00cC	0. 18dD	0. 17bcB
	2302	0. 30cC	0. 02defCDE	4. 32dCD	0. 15eE	0. 13fC
	2303	0. 54bB	0. 04bB	3. 61eDE	0. 13fF	0. 18bB
	2304	0. 30cC	0. 03bcdBC	4. 60cdC	0. 20cC	0. 14defBC
	2305	0. 21cdC	0. 01fgE	2. 10gGH	0. 08gG	0. 14efBC
	贵烟 5 号	0. 22cdC	0. 02cdeCD	4. 32dCD	0. 15eE	0. 16bcdeBC
	2307	0. 99aA	0. 06aA	8. 62aA	0. 39aA	0. 16bcdeBC
	2308	0. 25cdC	0. 02efCDE	3. 03fEF	0. 12fF	0. 17bcdB
	2309	1. 04aA	0. 07aA	6. 23bB	0. 27bB	0. 25aA
	2310	0. 19dC	0. 01gE	1. 97gH	0. 07gG	0. 15cdefBC
	2311	0. 21cdC	0. 01fgDE	4. 81cdC	0. 19cCD	0. 07gD
	K326	0. 21cdC	0. 02efCDE	2. 82fFG	0. 12fF	0. 16bcdeBC

注：2301（WB68）、2302（Ky14）、2303（Beinhart1000－1）、2304（安龙护耳大柳叶）、2305（Va309）、2307（遵烟 6 号）、2308（柳叶尖 0695）、2309（勐板晒烟）、2310（烤烟新品系）、2311（烤烟新品系）

（二）外界不同钾浓度下的烟苗钾吸收及利用效率

1. 钾含量及钾积累量

从表 1-12 中可以看出，在同一钾处理下，不同基因型间的钾含量和钾积累量存在着显著性差异。在 0. 2mmol/L 钾浓度处理下，供试的 12 个基因型烟株的根、冠含钾量的平均值分别为 12. 37g/kg 和 37. 77g/kg，变幅分别为 10. 49~15. 04g/kg、35. 80~40. 31g/kg。在 1mmol/L 钾浓度处理下，各基因型烟株的根、冠含钾量的平均值分别为 13. 25g/kg 和 41. 20g/kg，变幅分别为 12. 10~15. 55g/kg、39. 90~44. 34g/kg。在 5mmol/L 钾浓度处理下，供试的 12 个基因型烟株的根、冠含钾量的平均值分别为 16. 90g/kg 和 57. 29g/kg，变幅分别为 14. 20~21. 26g/kg、52. 91~60. 68g/kg。由此看来，随着钾浓度的升高，各基因型烟株根、冠中的钾含量也随之升高，在 5mmol/L 钾浓度处理下较 1mmol/L 处理下增幅更为明显。

表 1-12　不同钾浓度处理下各基因型烟株钾含量及钾积累量分析

K 浓度（mmol/L）	基因型	钾含量（g/kg）		钾积累量（mg/株）	
		根	冠	根	冠
0. 2	2301	12. 38cdeBCD	38. 35bcBCD	0. 23abAB	3. 74cC
	2302	12. 47cdeBCD	38. 18bcCD	0. 18bcBC	3. 40cCDE
	2303	15. 04aA	37. 08cdeDEF	0. 17cBCD	3. 27cdCDE
	2304	11. 79eDE	36. 31deEF	0. 17cdBCD	3. 54cCD
	2305	12. 83bcdBCD	40. 00aAB	0. 07eE	1. 86fG
	贵烟 5 号	12. 06deCD	36. 05deEF	0. 12deCDE	2. 52defDEFG
	2307	10. 78fEF	37. 77cCDE	0. 26aA	7. 86aA
	2308	13. 03bcBC	37. 18cdDEF	0. 12deCDE	3. 07cdeCDEF
	2309	10. 49fF	37. 11cdeDEF	0. 26aA	5. 37bB
	2310	13. 38bB	40. 31aA	0. 10eDE	1. 98fFG
	2311	11. 78eDE	35. 80eF	0. 11deCDE	5. 80bB
	K326	12. 43cdeBCD	39. 13abABC	0. 12cdeCDE	2. 30efEFG
1. 0	2301	13. 57cBC	41. 51bBC	0. 31cB	5. 26cdCD
	2302	12. 64efCDE	40. 51bcdBC	0. 20dC	4. 69deD
	2303	15. 55aA	43. 89aA	0. 43bA	4. 38eDE
	2304	12. 10fE	41. 61bB	0. 21dBC	5. 31cdCD
	2305	13. 49cdBCD	41. 20bcBC	0. 13eC	2. 08gF
	贵烟 5 号	12. 65defCDE	40. 11cdBC	0. 16deC	3. 65fE
	2307	14. 52bAB	40. 03cdBC	0. 50aA	9. 85aA

（续表）

K浓度（mmol/L）	基因型	钾含量（g/kg）		钾积累量（mg/株）	
		根	冠	根	冠
1.0	2308	13.58cBC	40.50bcdBC	0.16deC	3.58fE
	2309	12.73cdefCDE	39.90dC	0.41bA	5.92bcBC
	2310	12.61efCDE	44.34aA	0.15deC	2.40gF
	2311	12.41efDE	40.18cdBC	0.19deC	6.52bB
	K326	13.09cdeCDE	40.56bcdBC	0.17deC	2.46gF
5.0	2301	15.80defDEF	53.62eFG	0.48cdB	9.44deDE
	2302	16.04deDE	59.34abABC	0.32efBCD	9.06deDE
	2303	15.36efgDEF	60.04aAB	0.34defBCD	7.55fgFG
	2304	17.75cC	55.73dEF	0.51cB	11.08cC
	2305	19.56bB	59.22abABC	0.23fCD	4.88hH
	贵烟5号	14.63fgEF	56.83cdDE	0.35defBCD	8.44efEF
	2307	14.20gF	56.73cdDE	0.88bA	21.98aA
	2308	21.26aA	58.33bcBCD	0.42cdeBC	6.84gG
	2309	15.81defDEF	56.79cdDE	1.04aA	15.21bB
	2310	19.47bB	60.68aA	0.21fD	4.41hH
	2311	16.80cdCD	52.91eG	0.24fCD	10.05cdCD
	K326	16.14deCDE	57.22cdCDE	0.32efBCD	6.99gG

注：2301（WB68）、2302（Ky14）、2303（Beinhart1000-1）、2304（安龙护耳大柳叶）、2305（Va309）、2307（遵烟6号）、2308（柳叶尖0695）、2309（勐板晒烟）、2310（烤烟新品系）、2311（烤烟新品系）

就钾积累量而言，在0.2mmol/L钾浓度处理下，根、冠部钾积累量变幅分别为0.07~0.26mg/株、1.86~7.86mg/株，根钾积累量由大到小排列顺序为：2309>2307>2301>2302>2303>2304>K326>贵烟5号>2308>2311>2310>2305，叶钾积累量由大到小排列顺序为：2307>2311>2309>2301>2304>2302>2303>2308>贵烟5号>K326>2310>2305。在1.0mmol/L钾浓度处理下，根、冠部钾积累量均值分别为0.25mg/株、4.68mg/株，根钾积累量由大到小排列顺序为：2307>2303>2309>2301>2304>2302>2311>K326>贵烟5号>2308>2310>2305，叶钾积累量由大到小排列顺序为：2307>2311>2309>2304>2301>2302>2303>贵烟5号>2308>K326>2310>2305。在5.0mmol/L钾浓度处理下，根、冠部钾积累量变幅分别为0.21~1.04mg/株、4.41~21.98mg/株，根钾积累量由大到小排列顺序为：2309>2307>2304>2301>2308>贵烟5号>2303>K326>2302>2311>

2305>2310，叶钾积累量由大到小排列顺序为：2307>2309>2304>2311>2301>2302>贵烟5号>2303>K326>2308>2305>2310。烟株钾素的积累量除了与该部位的钾含量有关外，与其干物质量密切相关，通过比较可知，2310及2305烟株的冠部钾积累量无论在哪个钾浓度处理下都低于其余基因型，这与所测得的形态指标及干物质量相符合，2307的冠部钾积累量在0.2mmol/L、1.0mmol/L、5.0mmol/L钾浓度处理下都显著高于其余基因型。

2. 钾积累分配率

供试的12个基因型烟株根、冠的钾积累分配率如表1-13所示。整体来看，各基因型烟株的钾积累分配率在3种钾浓度处理下都表现为冠>根。在0.2mmol/L钾浓度处理下，根钾分配率变幅为1.92%~5.74%，均值为4.29%；叶钾分配率变幅为94.26%~98.08%，均值为95.71%，2311的叶钾分配率显著高于其余基因型，与K326相比，除2301外，其余基因型烟株的冠钾积累分配率要高于K326，且2311、2307、2308和2305与K326间存在显著差异。在1mmol/L钾浓度处理下，根钾分配率变幅为2.39%~8.87%，均值为5.23%；冠钾分配率变幅为91.13%~97.61%，均值为94.77%，由大到小排列顺序为：2311>2304>2302>贵烟5号>2308>2307>2301>2305>2310>2309>K326>2303，2311的冠钾分配率显著高于其余基因型，2303的冠钾分配率显著低于其余基因型。在5mmol/L钾浓度处理下，根钾分配率变幅为2.29%~6.39%，均值为4.37%；冠钾分配率变幅为93.61%~97.71%，均值为95.63%，其中2311和2302的冠钾分配率显著高于K326，2308和2309的冠钾分配率显著低于K326，其余基因型烟株与K326的冠钾分配率差异不显著。

通过比较可知，3种不同的钾浓度处理对供试的12个基因型烟株的钾积累分配率影响不大。整体来看，根钾积累分配率变幅为1.92%~8.87%，叶钾积累分配率变幅为91.13%~98.08%。无论在0.2mmol/L、1.0mmol/L还是5.0mmol/L钾浓度处理下，2311的叶钾分配率在供试的12个基因型烟株中都是最高的。

表1-13　不同处理下各基因型烟株钾积累分配率分析　（单位：%）

基因型	0.2mmol/L		1mmol/L		0.5mmol/L	
	冠	根	冠	根	冠	根
2301	94.26fD	5.74aA	94.44cdCDE	5.56bcBCD	95.22dCD	4.78bBC
2302	95.13efCD	4.87abAB	95.88bB	4.12dE	96.58bB	3.42dD
2303	94.99efD	5.01abA	91.13eF	8.87aA	95.69cdBC	4.31bcCD

（续表）

基因型	0. 2mmol/L		1mmol/L		0. 5mmol/L	
	冠	根	冠	根	冠	根
2304	95. 51cdeCD	4. 49bcdAB	95. 94bB	4. 06dE	95. 61cdBC	4. 39bcCD
2305	96. 31bcdBC	3. 69cdeBC	94. 27cdDE	5. 73bcBC	95. 54cdBC	4. 46bcCD
贵烟 5 号	95. 45cdeCD	4. 55bcdAB	95. 75bB	4. 25dE	96. 05bcBC	3. 95cdCD
2307	96. 86bAB	3. 14eCD	95. 13bcBCD	4. 87cdCDE	96. 17bcBC	3. 83cdCD
2308	96. 40bcBC	3. 60deBC	95. 72bBC	4. 28dDE	94. 26eDE	5. 74aAB
2309	95. 40deCD	4. 60bcAB	93. 76dE	6. 24bB	93. 61eE	6. 39aA
2310	95. 22efCD	4. 78abAB	93. 98dDE	6. 02bBC	95. 50cdC	4. 50bcC
2311	98. 08aA	1. 92fD	97. 61aA	2. 39eF	97. 71aA	2. 29eE
K326	94. 96efD	5. 04abA	93. 58dE	6. 42bB	95. 60cdBC	4. 40bcCD

注：2301（WB68）、2302（Ky14）、2303（Beinhart1000－1）、2304（安龙护耳大柳叶）、2305（Va309）、2307（遵烟 6 号）、2308（柳叶尖 0695）、2309（勐板晒烟）、2310（烤烟新品系）、2311（烤烟新品系）

3. 钾素利用效率

供试的 12 个基因型烟株在 0. 2mmol/L、1. 0mmol/L 和 5. 0mmol/L 钾浓度处理下钾素利用效率如表 1－14 所示。可以看出，不同浓度的钾处理下各基因型烟株的 KUE 存在显著差异。在 0. 2mmol/L 钾浓度处理下，12 个基因型烟株的 KUE 由大到小排列顺序为：2311＞贵烟 5 号＞2304＞2308＞2309＞2307＞2303＞2302＞2301＞K326＞2305＞2310，变幅为 23. 64%～27. 41%。在 1. 0mmol/L 钾浓度处理下，各基因型烟株的 KUE 值变幅为 22. 56%～25. 07%，由大到小排列顺序为：2309＞2307＞贵烟 5 号＞2311＞2308＞2302＞K326＞2305＞2301＞2304＞2303＞2310。在 5. 0mmol/L 钾浓度处理下，12 个基因型烟株的 KUE 值变幅为 15. 74%～18. 47%，均值为 16. 73%，由大到小排列顺序为：2311＞2301＞2304＞2307＞贵烟 5 号＞K326＞2309＞2302＞2308＞2305＞2303＞2310。

由表 1－14 可以看出，随着钾浓度的升高，各基因型烟株的 KUE 值随之降低，KUE 值降幅为 27. 77%～37. 81%，表明在供钾充足的条件下，烟株的钾素利用效率反而有所降低。

表 1-14　不同钾浓度处理下各基因型烟株钾素利用效率的比较

基因型	0. 2mmol/L		1. 0mmol/L		5. 0mmol/L	
	钾利用效率	排名	钾利用效率	排名	钾利用效率	排名
2301	24. 59deCDE	9	24. 09cAB	9	17. 76bAB	2
2302	24. 93cdCDE	8	24. 69abcAB	6	16. 28efgDEF	8
2303	25. 63bcBCD	7	22. 79dC	11	15. 94fgF	11
2304	26. 31bAB	3	24. 04cB	10	17. 17cBC	3
2305	24. 08deE	11	24. 28bcAB	8	16. 14fgEF	10
贵烟 5 号	26. 48abAB	2	24. 96abAB	3	16. 90cdCDE	5
2307	25. 65bcBC	6	24. 97abAB	2	16. 96cdCD	4
2308	25. 93bcBC	4	24. 70abcAB	5	16. 17efgEF	9
2309	25. 71bcBC	5	25. 07aA	1	16. 49defCDEF	7
2310	23. 64eE	12	22. 56dC	12	15. 74gF	12
2311	27. 41aA	1	24. 89abAB	4	18. 47aA	1
K326	24. 27deDE	10	24. 66abcAB	7	16. 71cdeCDE	6

注：2301（WB68）、2302（Ky14）、2303（Beinhart1000-1）、2304（安龙护耳大柳叶）、2305（Va309）、2307（遵烟 6 号）、2308（柳叶尖 0695）、2309（勐板晒烟）、2310（烤烟新品系）、2311（烤烟新品系）

四、烟草钾营养效率的综合评价

研究人员对作物钾营养效率的研究方法和评价指标等方面有着各自的标准。研究烟草钾营养效率的试验方法有多种，如水培试验、沙培试验、大田试验、盆栽试验等；判定烟草钾营养效率的指标也有很多，如烟叶钾含量、干物质积累量、钾利用效率、根系生长状况等。在对其营养效率进行评价时，应结合具体的试验方法和评定指标，对烟草的钾营养效率进行综合评价。目前进行作物钾营养效率的评价多采用相关性分析、秩和比法、灰色赋权法等分析方法，也有将多种方法一起使用来进行钾营养效率评价的。层次分析法是一种定性和定量相结合的、系统化的、层次化的分析方法。本试验基于层次分析法，对所选取的试验方法进行主观赋权，再运用灰色关联度赋权法对所评定的指标做客观赋权，以期结合试验方法和评定指标，建立一个综合的评价方法，对试验的 12 个基因型烟株的钾营养效率进行评价。

（一）主观赋权法

本试验所采用的大田试验法，是作物钾营养效率研究中最直接、最常用的筛选方法，它所测得的结果能够反映出烟叶最终状态的钾含量，可以在实践中直接加以应用，也可以作为其他方法可行与否的标准，但因天气、病虫害、地域等不定因素的影响较大，会给试验带来较大的误差。盆栽试验法可以减少气候和土壤的影响，但其结果往往与大田试验结果并不一致。水培试验的优点在于，钾在培养基质中以水溶态存在，受环境影响小，能够比较精确地确定钾处理浓度，但由于测定的时期属苗期，不能代表生育后期的状况，且在测定有关根系的指标之前，需要对根系进行清洗，会丢失一些根系的须根，可能会对统计的结果产生一定的影响。因此，应综合评价 3 个试验方法在研究作物钾营养效率时的结果的可信度。

结合前人的研究和专家的意见，对大田、盆栽、水培 3 个试验的主观赋权值如表 1-15 所示，3 个试验所赋权重的大小依次为水培试验>盆栽试验>大田试验。

表 1-15　各试验方法的主观赋权结果

试验名称	水培试验	盆栽试验	大田试验
权重	0.4	0.34	0.26

（二）客观赋权法

对各指标权重的客观赋权采用灰色关联度赋权法。灰色赋权法是基于灰色关联理论，也就是根据因素之间发展趋势，分别量化计算出研究对象与待识别对象各影响因素间的贴近程度（关联度），亦即“灰色赋权法”，通过比较各关联度大小来判断待识别对象对研究对象的影响程度。因此，灰色关联度越高，表明研究对象样本间表现出的差异与影响因子样本间表现出的差异越相似，即关联度高的影响因子是造成研究对象样本间出现差异的主要因素。

结合 3 个试验所测定的指标，筛选出具有代表性的 4 个指标进行分析，即：烟株干重、烟叶钾含量、烟株总钾积累量和钾利用效率。烟株干重是烟草在整个生育过程中各因子综合作用下的结果，是外在的最直观指标；烟叶钾含量是烟叶是否具有较高钾含量的最终体现，最具说服力；烟株钾积累量是衡量钾吸收能力的重要参数之一，具有一定量的钾积累量是烟草钾高效利用的前提之一；钾利用效率是衡量烟株体内钾利用能力的指标。4 项评定指标的灰色关联分析及赋权结果如表 1-16 所示，4 个指标所赋权重的大小为：KUE>含钾量>总钾积累量>干重。

表 1-16　评定指标的灰色关联度赋权

指标	关联度	权重
干重	0.749	0.219
含钾量	0.923	0.271
总钾积累量	0.809	0.237
KUE	0.931	0.273

（三）综合评价

在分别计算各评价方法和评定指标的权重后，对评价方法和评定指标的组合权重计算结果如表 1-17 所示。

表 1-17　评价方法和评定指标的组合权重计算结果

	水培试验	盆栽试验	大田试验
干重	0.088	0.074	0.057
钾含量	0.108	0.092	0.065
钾积累量	0.095	0.081	0.057
KUE	0.109	0.093	0.066

表 1-18　烟草钾营养效率综合得分及排名

基因型	得分	排名
2301	53.25	8
2302	58.34	6
2303	59.87	5
2304	49.20	11
2305	52.06	10
贵烟 5 号	66.90	1
2307	65.08	3
2308	60.78	4
2309	65.09	2
2310	52.83	9
2311	43.37	12
K326	57.45	7

注：2301（WB68）、2302（Ky14）、2303（Beinhart1000-1）、2304（安龙护耳大柳叶）、2305（Va309）、2307（遵烟 6 号）、2308（柳叶尖 0695）、2309（勐板晒烟）、2310（烤烟新品系）、2311（烤烟新品系）

将试验测定的指标值与对应的组合权重的结果相乘之和作为评价烟草钾基因效率的依据，结果如表 1-18 所示。综合考虑不同基因型烟株的干重、含钾量、钾积累量、KUE 等指标后，贵烟 5 号、2309、2307 分别位于前三，是较理想的高效钾营养效率的选择目标，2311 排名最末，K326 排名第 7。

参考文献

[1] 胡国松，郑伟，王震东，等．烤烟营养原理［M］．北京：科学出版社，2000.

[2] 郑宪滨，曹一平，张福锁，等．不同供钾水平下烤烟体内钾的循环、积累和分配［J］．植物营养与肥料学报，2000，6（2）：166-172.

[3] 王波．对提高潍纺地区烟叶含钾量的思考［J］．中国烟草科学，1998，19（3）：21-22.

[4] 汪邓民，周冀衡，朱显灵，等．干旱胁迫下钾对烤烟生长及抗旱性的生理调节［J］．中国烟草科学，1998（3）：26-29.

[5] 朱列书．烟草营养学［M］．长春：吉林科技出版社，2004：125-136.

[6] 周冀衡，李卫芳，王丹丹，等．钾对病毒侵染后烟草叶片内源保护酶活性的影响［J］．中国农业科学，2000，33（6）：98-100.

[7] 王进录．施钾量对烟草赤星病的影响［J］．陕西农业科学，1998（5）：21-22.

[8] 石屹，王树声，窦玉清．对提高我国北方烟叶含钾量的思考［G］//跨世纪烟草农业科技展望和持续发展战略研讨会论文集［M］．北京：中国商业出版社，1999.

[9] 谈克政，陆发熹．南雄紫色土供钾特性及其对烟草产量和品质的影响研究［J］．华南农业大学学报，1986，7（2）：1-10.

[10] 王允白，王宝华，郭承芳，等．影响烤烟评吸质量的主要化学成分研究［J］．中国农业科学，1998，31（1）：89-91.

[11] ATTOE O J. Leaf bum of tobacco as influenced by content of potassium，nitrate and chlorine［J］. Journal of the American Society of Agronomy，1945，38：186-196.

[12] CHAPLIN J F，Miner G S. Production factors affecting chemical component of the tobacco leaf［J］. Recent Advances in Tobacco Science.，1980，6：43-63.

[13] BLUM A. Plant Breeding for Stress Environment［M］. CRC Press. Boca Raton，Florida. 1988.

[14] MARSCHNER H. Mineral Nutrition of Higher Plants［M］. First Edition，Academic Press，London. 1986.

[15] 张福锁．土壤与植物营养研究新动态（第 1 卷）［M］．北京：北京农业大学出版社．1992.

[16] 张福锁，王兴仁．提高作物养分资源利用效率的生物学途径［J］．北京农业大学学报，1995，21（1）：104-110.

[17] 胡笃敬，杨敏元，刘国华．高钾植物研究［J］．湖南农学院学报，1980（4）：5-13.

[18] WILD A，SKARLOU V，CLEMENT C R，et al. Comparison of potassium uptake by four plant species grown in sand and in flowing solution culture［J］. Journal of Applied Ecology，1974，11（2）：801-812.

[19] SHEA P F，GERLOFF G C，GABELMAN W H. Differing efficiencies of potassium utilization in strains of snap beans（*Phaseolus vulgaris* L.）［J］. Plant and Soil，1968，28：337-346.

[20] 牛佩兰，石屹，刘好宝，等．烟草基因型间钾效率差异研究初报［J］．烟草科技，1996（1）：33-35.

[21] 姜存仓．不同基因型棉花对钾的反应差异及其机理研究［D］．武汉：华中农业大学，2006.
[22] 刘国栋，刘更另．籼稻耐低钾基因型的筛选［J］．作物学报，2002，28（2）：161-166.
[23] 郭强，赵久然，滕海涛，等．不同玉米基因型对钾素吸收利用的研究［J］．玉米科学，2000，8（1）：74-76.
[24] 姜存仓，王运华，鲁剑巍，等．不同棉花品种苗期钾效率差异的初步探讨［J］．棉花学报，2004（3）：162-165.
[25] EPSTEIN E，BLOOM A J. Mineral nutrition of plants：principles and perspectives［M］. 2nd ed. Sinauer Associates，Inc.，Massachusetts，2005，44-45.
[26] MARSCHNER H. Mineral nutrition of higher plant［M］. 2nd ed. Academic Press，London. 1995，483-507.
[27] 曹志洪，周秀如，李仲林，等．我国烟叶含钾状况及其与植烟土壤环境条件的关系［J］．中国烟草，1990，3：6-13.
[28] 曹文藻，王钊．钾肥不同施用时期对烤烟产量品质影响的试验［J］．耕作与栽培，1992（6）：32-33.
[29] HAWKS S N，COLLINS W K. Principles of flue-cured tobacco production［M］. Raleigh：North Carolina State University，1983.
[30] 冯文强，涂仕华，成本喜，等．氮、钾肥类型对烟草产量及吸钾量差异的研究［J］．西南农业学报，2008，21（1）：117-120.
[31] 胡国松，张国显，曹志洪，等．河南烟区烤烟叶片含钾量低的原因初探［J］．中国烟草学报，1996，3（1）：12-14.
[32] TUBINO M，DE OLIVEIRA TORRES J R. Turbidimetric determination of potassium in leaf tissues with sodium tetraplenylborn［A］. Communications in Soil Science and Plant Analysis，1994，23（1）：25-29.
[33] 杨铁钊，晁逢春，丁永乐，等．烟草不同基因型叶片钾积累特性及变异分析［J］．中国烟草学报，2002，8（3）：11-16.
[34] 彭玉富．烤烟钾高效积累基因型钾积累与分配研究［D］．郑州：河南农业大学，2003.
[35] 郭丽琢．烤烟体内钾的累积与运转［D］．兰州：甘肃农业大学，2001.
[36] 张新，曹志洪．钾肥对烤烟体内钾素分配及微量元素含量的影响［J］．土壤学报，1994，31（1）：50-60.
[37] 闫慧峰，石屹，李乃会，等．烟草钾素营养研究进展［J］．中国农业科技导报，2013，15（1）：123-129.
[38] 代晓燕，苏以荣，魏文学，等．打顶对烤烟植株钾素代谢和钾离子通道基因表达的影响［J］．中国农业科学，2009，42（3）：854-861.
[39] 郑宪滨，曹一平，张福锁，等．不同供钾水平下烤烟体内钾的循环、累积和分配［J］．植物营养与肥料学报，2000，6（2）：166-172.
[40] DAI X Y，SU Y R，WEI W X，et al. Effects of top excision on the potassium accumulation and expression of potassium channel genes in tobacco［J］. Journal of Experimental Botany，2009，60（1）：279-289.
[41] 王方．不同钾水平下烤烟钾素积累与分配动态的研究［D］．郑州：河南农业大学，2007.

第二章 碱性植烟土壤烟草对钾的吸收与利用

第一节 土壤因子与烤烟的钾营养

烟草生长最离不开的生态因子就是土壤，土壤的理化性质以及养分状况是影响烤烟烟叶含钾量的重要元素。土壤供钾能力、酸碱度、质地、水分、土壤钙镁等矿质离子是影响烟株吸钾能力的重要因素。

一、土壤的供钾能力

土壤供钾水平是指土壤中速效钾的含量和缓效钾的储量及其释放速度的反映。我国土壤全钾含量高，速效钾含量低。如果全钾和缓效钾能转变为速效钾，这将大大提高土壤的供钾潜力[1]。因为土壤供钾能力的不同，在不同土壤上生长的烟株的含钾量也不相同。我国植烟土壤的速效钾只有100~150mg/kg，这与烟叶生产发达国家的植烟土壤差别较大。要让土壤的有效钾得到提高，就必须施用钾肥尤其是硫酸钾、硝酸钾等，但由于价格昂贵，使用较少，所以我国烟叶含钾量较低。颜丽等[2]在辽宁棕壤上的试验，通过烟叶含钾量和土壤供钾的相关性研究，得出烟株生育时期，烟叶含钾量与土壤缓效钾、速效钾和钾饱和度呈极显著正相关，特别是与土壤的钾饱和度相关性较高，很可能是影响烟叶含钾量的主要因子，说明烟叶的含钾量与土壤供钾水平有着密切的联系，提高土壤的钾饱和度可能是提高烟叶含钾量的有效途径。

二、土壤的供钾特性

曹志洪等[3]认为，烤烟含钾量与土壤供钾特性有密切关系，我国不同地区烟叶的含钾量不同，其主要原因可能是土壤黏土性状、矿质营养、土壤水分状况、速效钾含量、土壤交换性阳离子组成不同所致。土壤质地较轻的，烟叶含钾量高，土壤质地黏重的，烟叶含钾量低，这能说明钾肥的效应好坏。通过对南北烟区土壤的比较，发现土壤中的缓效钾和速效钾含量多少与烟叶含钾量关系不大，比如速效钾和缓效钾含量高于红壤的潮土，所种烟株的烟叶含钾量却低于红壤上种植的烟株烟叶的含钾量，其原因是黏土矿物的组成不同，土壤对钾素的固定能力在北方烟区更强。植烟土壤水分在北方烟区低于南方，有效钾不同，土壤中的钙镁等和钾离子竞争的阳离子含量在南方烟区低于北方烟区，所以北方烟区烟株钾含量低。程辉斗等[4]通过研究云南烤烟含钾量与土壤供钾水平的关系，发现造成云南某些烟区烟叶含钾量较低的原因不是土壤供钾问题，而是烟株内部钾的移动转移，所以土壤供钾特性并不是唯一与烟株钾含量相关的因素。

三、土壤湿度

土壤湿度对烟叶含钾量也有一定的影响，土壤湿度在一定的范围内有利于烟株对钾的吸收。当土壤的相对含水量为70%时，烟叶具有最大的吸钾能力。所以，植烟土壤的相对含水量在70%左右时最合适；当土壤的相对含水量为50%或80%时，都会降低烟叶的吸钾能力，土壤相对含水量过多或者过少，还会影响烟株茎内的钾向烟叶移动的活性，根部的钾可能回流至土壤，这样会浪费钾肥[2]。所以，只有当土壤的相对含水量为合适的值时（60%~70%），烟株才有最大的吸钾能力，烟叶的含钾量才会最高[5]。

四、土壤温度

土壤温度较高也会影响烟叶的含钾量。温度影响着烟株的代谢，当土壤气温较高时，糖的分解代谢减弱，钾的载体蛋白受温度影响，所以烟株对钾的吸收、运输以及分配都被影响，烟株的吸钾能力变弱。在一定范围内升高土壤温度，可以大量提高中、下部烟叶的钾含量。

五、土壤酸碱度

土壤的酸碱度和土壤质地对烟叶的含钾量影响也很大。烟叶中含钾量随土壤粗粉砂含量的增加呈上升趋势[6]。优质的烟区要求植烟土壤为为砂壤土至中壤土，砂砾质壤土是最适合种烟的。黎成厚等[7]研究发现，烟叶吸钾量和钾肥施钾效果均随土壤质地变轻而明显增加。世界各国烟区研究发现，最适烤烟生长的植烟土壤pH值范围为5.5~7.0[8]，当土壤pH值在5.15~5.43时，烤烟吸钾能力最强[9]。当植烟土壤的 pH 值过低时（如下调至 5 以下），土壤过酸，大量的 H^+ 对 K^+ 的吸收产生抑制作用，烟株吸钾能力严重减弱。土壤过酸，Al^{3+} 活性变强，过多的 Al^{3+} 使烟株金属中毒，这将降低烟叶的质量和产量。当植烟土壤 pH 值过高呈碱性时，烟株吸钾能力亦变弱，这是因为土壤中 Ca^{2+} 或 Mg^{2+} 活性增强，竞争 K^+ 向根系移动的通道。

六、离子拮抗

土壤中能被烟株吸收的钾除了受自身浓度的影响外，还同钙、镁等阳离子的浓度有关。施肥会抑制烤烟对钙、镁的吸收，而钙、镁也会影响对钾的吸收。钙的有效性强，能和钾产生竞争，造成钾的有效性变弱，烟株吸钾变少，导致烟叶含钾量比较低。洪丽芳和苏帆[10]试验表明：烟草栽培中钾、钙、镁之间并不是单一的拮抗作用，镁对钾、钙是拮抗的，钙对镁是拮抗的，钙有时对钾是促进的，但在不同的生育期又有不同的表现，钾对钙、镁有时又是拮抗的。晋艳和雷永和[6]通过试验研究发现，钾、钙、镁之间不是相互的拮抗作用，培养液中存在镁离子，会抑制烟株吸收钾离子和钙离子；钙离子能抑制烟株吸收镁离子，而能促进烟株对钾的吸收；当培养液中钾离子增多时，会抑制烟株吸收钙离子和镁离子，说明钙对钾吸收又有促进作用。这些研究结果存在矛盾，还需要继续探索与研究。

如前所述，最适合烤烟钾素营养吸收的植烟土壤 pH 值是在 6.5 左右，即偏酸性的土壤环境有利于烤烟对钾的吸收。换言之，偏碱性的土壤可能制约了烤烟对钾素营养的吸收。但是，偏碱性土壤对烤烟钾吸收特性的影响以及如何改善，却研究偏少。广元烟区是四川省的一个重要的烤烟产区，然而，其植烟土壤普遍呈碱性。因此，在广元烟区碱性植烟土壤深入开展烤烟钾素营养吸收规律的探索，不但具有理论价值，而且，通过研究配方施肥（肥料与改良剂混合）对烤烟钾素吸收的影响，找到科学合理的高效施肥配方，对于广元烟区合理施用肥料，促进烤烟优质烟叶的发展具有十分重要的意义。

第二节　配方施肥对碱性植烟土壤养分供给的影响

植烟土壤呈碱性或者偏碱性时，会阻遏土壤养分的释放以及烟株对养分的吸收。所以，为了改善碱性土壤的供肥状况，设定了 4 个处理，以了解其对土壤供肥特性的改良情况，为烟叶生产提供参考。这 4 个处理分别是：A，不施肥（CK）；B，常规施肥（烟草专用肥料常规施肥）；C，配方施肥Ⅰ，常规施肥+改良剂（柠檬酸 4g 和硫黄 6g 混合），70%基施，30%追施；D，配方施肥Ⅱ，常规施肥+改良剂（柠檬酸 4g 和硫黄 6g 混合），全部基施。

一、团棵期

在团棵期，4 个处理烟株的土壤养分含量大小为速效钾>碱解氮>速效磷，pH 值大小为 D<C<B<A；各处理之间比较，没有施用肥料的处理 A 的土壤中碱解氮、速效磷、速效钾都是最低的，pH 值是最高的；B、C、D 处理对碱解氮和速效磷的影响不大，对速效钾的影响很大，B 与 C、C 与 D 达到了显著差异，大小顺序为 D>B>C>A（表 2-1）。

表 2-1　各个处理对烟株团棵期土壤养分供给的影响

处理	碱解氮（mg/kg）	速效磷（mg/kg）	速效钾（mg/kg）	pH 值
A	76. 552c	10. 689c	101. 546c	7. 75c
B	132. 223b	65. 745a	412. 528b	7. 45b
C	118. 698a	58. 598a	389. 589a	7. 28a
D	130. 887b	72. 745a	420. 587b	7. 12a

注：A，不施肥（CK）；B，常规施肥（烟草专用肥料常规施肥）；C，配方施肥Ⅰ，常规施肥+改良剂（柠檬酸 4g 和硫黄 6g 混合），70%基施，30%追施；D，配方施肥Ⅱ，常规施肥+改良剂（柠檬酸 4g 和硫黄 6g 混合），全部基施。下同

二、旺长期

在旺长期，4 个处理烟株的土壤养分大小顺序为速效钾>碱解氮>速效磷，和团棵期一致，pH 值大小顺序为 C<D<B<A；各处理之间比较，没有施用肥料的处理 A 土壤中的养分含量是最低的，和团棵期一致；B、C、D 处理的碱解氮、速效磷的变化都不大，而速效钾的变化较大，各个处理间差异显著，大小顺序为 D>B>C>A；可能是 C 处理的烟株吸收土壤的速效钾速度更快，量更多；四个处理的 pH 值也具有显著差异，大小顺序为 C<D<B<A，处理 C 和 D 的改良剂已在土壤中发挥作用，加上进入雨季，土壤含水量增大，使土壤的 pH 值降低（表 2-2）。

表 2-2　各个处理对烟株旺长期土壤养分供给的影响

处理	碱解氮（mg/kg）	速效磷（mg/kg）	速效钾（mg/kg）	pH 值
A	70.312c	8.137b	67.348b	7.66b
B	122.572a	73.256a	336.738c	7.27c
C	133.287b	77.478a	300.672a	6.92a
D	120.462b	75.325a	321.465d	7.05d

注：A，不施肥（CK）；B，常规施肥（烟草专用肥料常规施肥）；C，配方施肥Ⅰ，常规施肥+改良剂（柠檬酸 4g 和硫黄 6g 混合），70%基施，30%追施；D，配方施肥Ⅱ，常规施肥+改良剂（柠檬酸 4g 和硫黄 6g 混合），全部基施

三、打顶前

在打顶前，4 个处理烟株的土壤养分含量大小顺序为速效钾>碱解氮>速效磷，与团棵期和旺长期一致，pH 值大小顺序为 C<D<B<A，与旺长期一致；各处理之间比较，没有施用肥料的处理 A 土壤中的养分含量是最低的，与团棵期和旺长期一致；B、C、D 处理的碱解氮、速效磷的变化都不大，而速效钾的变化较大，各个处理间差异显著，大小顺序为 B>D>C>A。分析原因，烟株到了成熟期，烟叶的钾积累量达到最大，土壤中的速效钾被根吸收并转移到地上部分，C、D 处理的烟株吸钾能力很强，所以土壤中的速效钾较低；四个处理的 pH 值也具有显著差异，大小顺序为 C<D<B<A，这与旺长期一致，改良剂继续使土壤酸性化（表 2-3）。

表 2-3　各个处理对烟株打顶前土壤养分供给的影响

处理	碱解氮（mg/kg）	速效磷（mg/kg）	速效钾（mg/kg）	pH 值
A	58.657c	5.583b	60.128b	7.51b
B	126.322b	51.379c	167.578c	7.12c
C	118.612a	58.782a	112.429a	6.32a
D	113.837a	55.278a	119.892d	6.76d

注：A，不施肥（CK）；B，常规施肥（烟草专用肥料常规施肥）；C，配方施肥Ⅰ，常规施肥+改良剂（柠檬酸 4g 和硫黄 6g 混合），70%基施，30%追施；D，配方施肥Ⅱ，常规施肥+改良剂（柠檬酸 4g 和硫黄 6g 混合），全部基施

四、打顶后

打顶后，4 个处理烟株的土壤养分含量大小顺序为速效钾>碱解氮>速效磷，与前 3 个时期一致，pH 值大小顺序为 C<D<B<A，与旺长期和打顶前一致；各处理之间比较，没有施用肥料的处理 A 土壤中的养分含量是最低的，与前 3 个时期一致；B、C、D 处理的碱解氮、速效磷的变化都不大，而速效钾的变化较大，各个处理间差异显著，大小顺序为 B>D>C>A，与打顶前一致；分析原因，烟株成熟以后，烟叶的钾积累量已经到了最大值，钾离子能在烟株内移动，地上部分的钾离子移动到根，根中的钾离子可能回流到土壤，而土壤中的缓效钾也可能转变为速效钾；4 个处理的 pH 值也具有显著差异，大小顺序为 C<D<B<A，这与旺长期一致（表 2-4）。

表 2-4　各个处理对烟株打顶后土壤理化性质的影响

处理	碱解氮（mg/kg）	速效磷（mg/kg）	速效钾（mg/kg）	pH 值
A	55. 221c	4. 322c	53. 335b	7. 55b
B	119. 574b	36. 225b	201. 645c	7. 12c
C	107. 533a	40. 488a	130. 782a	6. 16a
D	105. 127a	42. 489a	147. 563d	6. 62d

注：A，不施肥（CK）；B，常规施肥（烟草专用肥料常规施肥）；C，配方施肥Ⅰ，常规施肥+改良剂（柠檬酸 4g 和硫黄 6g 混合），70%基施，30%追施；D，配方施肥Ⅱ，常规施肥+改良剂（柠檬酸 4g 和硫黄 6g 混合），全部基施

五、配方施肥对土壤速效钾和烟叶钾积累量的影响

（一）土壤速效钾的变化

由图 2-1 可知，不同处理的土壤速效钾都存在先降低、再缓慢升高的过程；没有施用肥料的处理 A 土壤中的速效钾一直处于最低的状态，并在旺长期后，变化幅度不大，可能是烟株从土壤吸钾能力不强，土壤固定钾的能力强，根里的钾离子回流到土壤中而造成；从 B、C、D 3 个处理可以看出，在团棵期，烟株的土壤速效钾达到最大值，团棵期到旺长期迅速下降，说明肥料施入土壤后，能转化成速效钾，被根大量吸收，旺长期到打顶前急剧下降，可能是烟株继续吸收或者雨水过多造成土壤流失；成熟期到打顶后之间，B、C、D 处

理的速效钾略有回升，可能是根的钾离子回流到土壤中或者土壤中的缓效钾转变为速效钾，烟株已发育成熟，吸钾量已达到饱和。

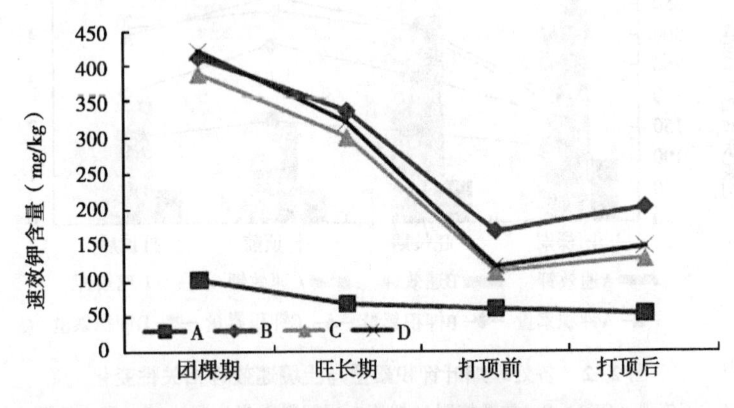

图 2-1　各处理在不同时期土壤速效钾的变化

注：A，不施肥（CK）；B，常规施肥（烟草专用肥料常规施肥）；C，配方施肥Ⅰ，常规施肥+改良剂（柠檬酸 4g 和硫黄 6g 混合），70%基施，30%追施；D，配方施肥Ⅱ，常规施肥+改良剂（柠檬酸 4g 和硫黄 6g 混合），全部基施

（二）烟叶钾积累与土壤速效钾的关系

在烟株生长发育的过程中，烟叶中的钾积累量变化与土壤中速效钾的变化相反；烟株开始发育时，烟叶中的钾积累量开始增加，土壤中的速效钾逐渐降低。但是升高和降低并不完全同步，团棵期到旺长期，烟叶钾积累量和土壤速效钾变化幅度不大，打顶前，烟叶钾积累量变化缓慢，而土壤速效钾大幅度降低。可能造成的原因是雨水过多，土壤流失太多，有效钾降低过快；打顶后，烟叶钾积累量降低，而土壤速效钾升高，可能是烟叶光合能力达到最强，合成了大量干物质，土壤固钾作用增强，大量的缓效钾转化为速效钾来满足烟株的生长；没有施肥的处理 A 在打顶后土壤速效钾和烟叶钾积累量的变化都不大，说明如果在烟株生长后期，可以追施一定量的钾肥，可能会提高烟叶的钾积累量（图 2-2）。

六、烟叶钾积累与土壤 pH 的协同变化

（一）土壤 pH 值的变化

植烟土壤在烟株的整个生育期内，pH 值处于下降的趋势；A、B 处理的土壤酸碱度始终呈中偏碱性；C、D 处理的土壤在团棵期时呈碱性，从旺长期开

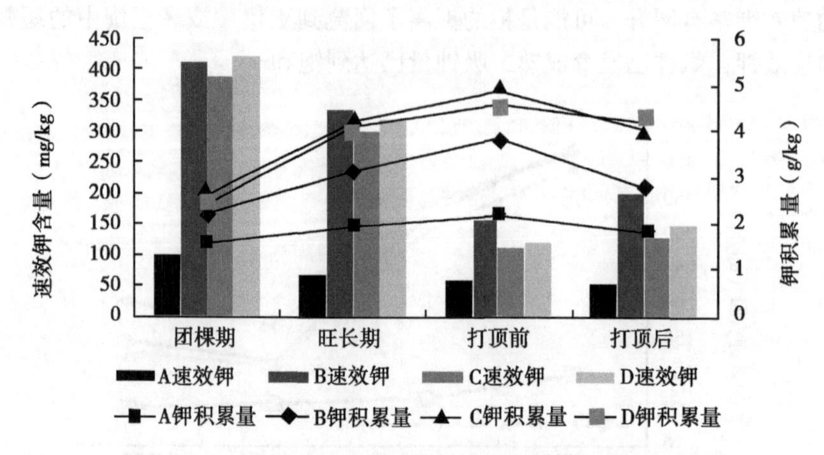

图 2-2　各处理烟叶钾积累量与土壤速效钾相关性变化

注：A，不施肥（CK）；B，常规施肥（烟草专用肥料常规施肥）；C，配方施肥Ⅰ，常规施肥+改良剂（柠檬酸 4g 和硫黄 6g 混合），70%基施，30%追施；D，配方施肥Ⅱ，常规施肥+改良剂（柠檬酸 4g 和硫黄 6g 混合），全部基施

始，pH 值骤降，土壤呈酸性。分析原因，改良剂在土壤中发挥作用，雨水过多，使土壤松散，更多改良剂的酸性离子混合到土里，在水的稀释下，土壤呈酸性；烟株成熟后，土壤 pH 值变化趋于稳定，可能是雨季过后，改良剂随土壤流失一部分，烟株的根系发育已经成熟，和土壤的离子交换也趋于平衡，所以土壤 pH 值变化不大。各个处理之间比较，没有施肥的 A 处理的土壤 pH 值变化不大，常规施肥处理的 B 处理土壤 pH 值在团棵期至旺长期有降低的趋势，旺长期后基本趋于稳定；C、D 处理的土壤 pH 值团棵期时 C 比 D 高，旺长期到最终，C 处理的 pH 值低于 D 处理，说明 C 处理能容易降低土壤的 pH 值（图 2-3）。

（二）烟叶钾积累与土壤速效钾的协同

在“团棵期”至“打顶前”，烟叶钾积累量与土壤 pH 值的变化趋势相反，即土壤 pH 值下降，烟叶的钾积累量升高。在“打顶前”，烟叶的钾积累量达到最高值。此时，C、D 处理的土壤 pH 值呈酸性，在 6.5 左右，当土壤 pH 值继续下降，烟叶的钾积累量开始降低（图 2-4）。说明在一定范围内，土壤 pH 值的降低能增强烟叶吸收钾的能力；但超过一定的值，烟叶的钾积累量不再随着土壤 pH 值的降低而升高。这与前人研究的烟叶吸收钾能力最强的土壤 pH 值在 6.5 左右的结论相符合。其中的原因可能是，土壤开始呈中偏碱性，土壤中

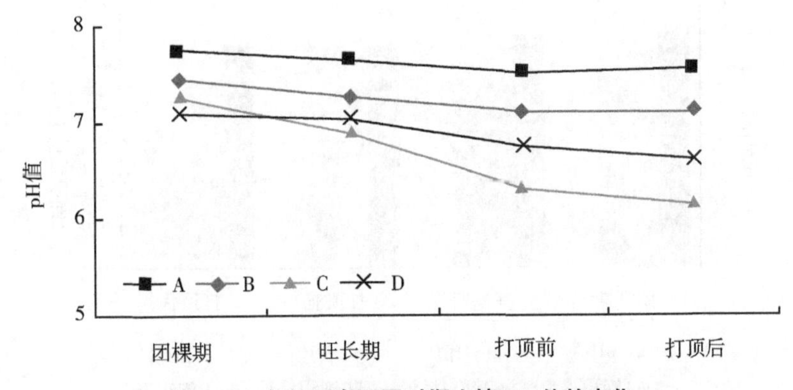

图 2-3　各处理在不同时期土壤 pH 值的变化

注：A，不施肥（CK）；B，常规施肥（烟草专用肥料常规施肥）；C，配方施肥Ⅰ，常规施肥+改良剂（柠檬酸 4g 和硫黄 6g 混合），70%基施，30%追施；D，配方施肥Ⅱ，常规施肥+改良剂（柠檬酸 4g 和硫黄 6g 混合），全部基施

的钙、镁离子十分活跃，竞争了根吸收钾离子的通道，根吸钾能力一般，向烟叶移动的钾很少，随着土壤 pH 值降低，钙、镁离子等与钾离子竞争的离子在酸性环境中活性降低，钾离子活性增强，根能很好地吸收土壤中的钾离子，并大量移动到地上部分，烟叶的钾积累量升高。烟株成熟后，土壤 pH 值降低而烟叶的钾积累量也降低。分析原因，可能是烟叶已成熟，光合作用增强，干物质合成增加，钾离子移动性强，烟叶的钾朝烟株其他部位移动，而土壤的固钾能力增强，根系土壤的钾离子回流至土壤，所以，土壤 pH 值的降低没有使烟叶的钾积累量增加（图 2-4）。

第三节　配方施肥对碱性植烟土壤烟株发育的影响

一、烟株的植物学性状

在团棵期，各个处理的株高、茎围、叶片数、最大叶面积差别都不大，施用肥料的株高、叶面积高于没有施用肥料的处理；在旺长期，4 个处理在茎围、叶片数差异也不大，株高大小顺序为 C>B>D>A，叶面积大小顺序为 C>D>B>A。造成这个原因可能是烟株在旺长期需要大量的钾来生长，而没有施用肥料的处理土地供钾不足，缺钾影响了生长，其他 3 个处理差别不大。在打顶前，各个处理在茎围、叶片数差别不大，株高和最大叶面积与旺长期的趋势差不

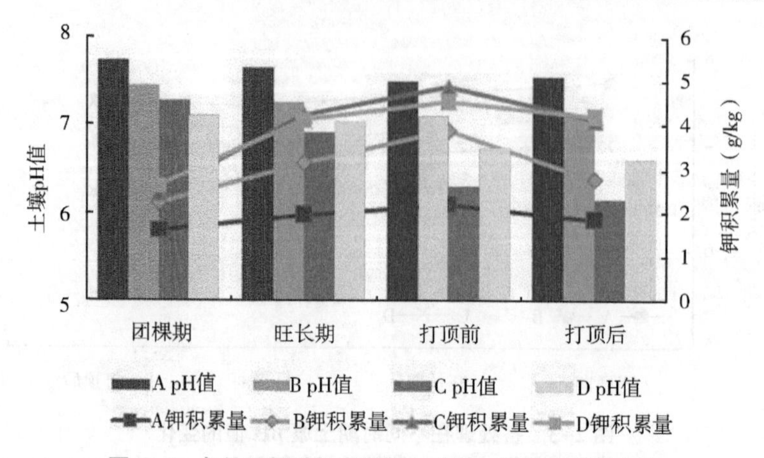

图 2-4　各处理烟叶钾积累量与土壤 pH 值相关性变化

注：A，不施肥（CK）；B，常规施肥（烟草专用肥料常规施肥）；C，配方施肥Ⅰ，常规施肥+改良剂（柠檬酸 4g 和硫黄 6g 混合），70%基施，30%追施；D，配方施肥Ⅱ，常规施肥+改良剂（柠檬酸 4g 和硫黄 6g 混合），全部基施

多；打顶后，各个处理的茎围和叶片数差异不大，株高和叶面积 C、D 处理大于 A、B 处理，株高 C>D>B>A，最大叶面积 C>D>B>A。由此可见，施肥处理的烟株农艺性状要优于在自然条件下生长的烟株，而加了调制剂的处理 C 和处理 D 的烟株农艺性状要略好于处理 B 的常规施肥，可能是调制剂改良了土壤的理化性质从而影响了烟株的生长发育，C、D 处理对烟株的农艺性状影响差异不大（表 2-5）。

表 2-5　各个处理的农艺性状

时期	处理	株高（cm）	茎围（cm）	叶片数（片）	最大叶面积（cm^2）
团棵期	A	17. 51b	3. 65b	9. 20b	573. 11b
	B	18. 95a	3. 77ab	9. 29ab	603. 43a
	C	19. 23a	3. 85a	9. 37a	606. 35a
	D	19. 92a	3. 90a	9. 28ab	607. 36a
旺长期	A	27. 93b	5. 45b	12. 26b	805. 10c
	B	30. 18a	5. 62ab	12. 36a	843. 16b
	C	30. 20a	5. 74a	12. 40a	869. 50a
	D	29. 86a	5. 73a	12. 40a	868. 13a
打顶前	A	56. 81c	8. 21c	15. 22b	1 152. 42b
	B	65. 72b	8. 47b	15. 40a	1 361. 45a
	C	67. 70ab	8. 70a	15. 44a	1 404. 75a
	D	69. 18a	8. 72a	15. 48a	1 405. 00a

（续表）

时期	处理	株高（cm）	茎围（cm）	叶片数（片）	最大叶面积（cm^2）
打顶后	A	95.18c	9.17c	17.76b	1 396.53c
	B	102.82b	9.41b	18.15a	1 717.47b
	C	107.25a	9.51a	18.20a	1 812.74a
	D	107.12a	9.58a	18.19a	1 804.91a

注：A，不施肥（CK）；B，常规施肥（烟草专用肥料常规施肥）；C，配方施肥Ⅰ，常规施肥+改良剂（柠檬酸 4g 和硫黄 6g 混合），70%基施，30%追施；D，配方施肥Ⅱ，常规施肥+改良剂（柠檬酸 4g 和硫黄 6g 混合），全部基施。数字后的小写字母表示 5%水平上的差异，下同

二、生物量

（一）团棵期

团棵期时，各处理根的干重是 B>D>C>A，B、D 与 A 达到显著差异，可见，在团棵期时，根系主要是依赖土壤的肥力，此时所施用的肥料还很少被吸收；茎的干重各处理差异不明显；叶片干重，处理 C 与 A、B、D 存在显著差异；对于整株，处理 B、C、D 与处理 A 存在显著差异。由此可以推断，烟株的团棵期是根系生长的重要时期，在这个时期土壤的肥力能很好地给烟株提供所需要的养分，包括钾、镁等矿质营养，根在不施肥的情况下也能很好地生长，所以整个烟株的干重差异并不大（图 2-5）。

（二）旺长期

在旺长期，烟株根、茎、叶干重，处理 A 与 B、D 都达到了显著差异水平；在烟叶干重方面，处理 C>D>B>A，各个处理间达到了显著差异，推知可能是烟株到旺长期时，土壤供应养分不足以使烟株生长发育，没有施肥的处理 A 表现出缺钾、缺镁等元素，影响了烟叶的生长；在整株烟株的干重方面，处理 C>D>B>A，这与烟叶表现一致。可以推断，在旺长期，肥料开始供肥，土壤的养分供应不足，处理 C 的基施与处理 D 的圈施比较，烟株更易吸收基施的肥料，原因可能是圈施的肥料更多地进入土壤，而烟株从土壤中吸收缓慢（图 2-6）。

（三）打顶前期

打顶前，烟株在根干重和茎干重方面差异不大，施肥处理与不施肥处理呈显著差异；根干重 C>D>B>A，茎干重 D>C>B>A，可以得出烟株到了成熟期，地下部分生长缓慢，养分主要供应在烟叶的生长发育上；在烟叶方面，各处理

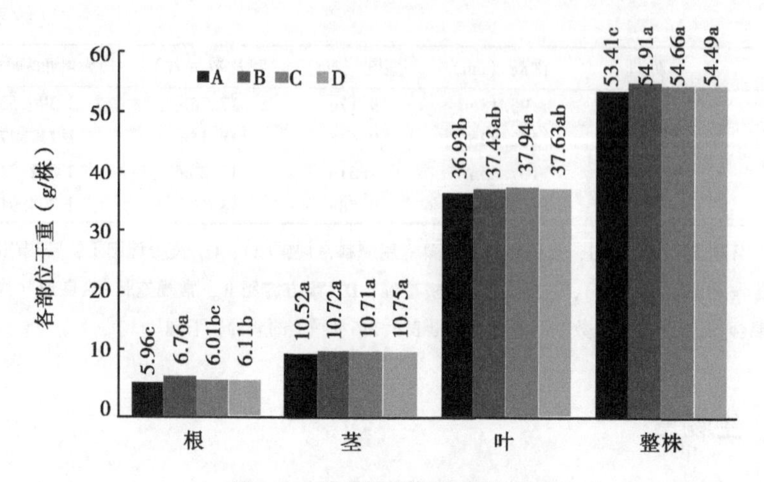

图 2-5　团棵期烟株各部位干重

注：A，不施肥（CK）；B，常规施肥（烟草专用肥料常规施肥）；C，配方施肥Ⅰ，常规施肥+改良剂（柠檬酸 4g 和硫黄 6g 混合），70%基施，30%追施；D，配方施肥Ⅱ，常规施肥+改良剂（柠檬酸 4g 和硫黄 6g 混合），全部基施。数字后的小写字母表示 5%水平上的差异，下同

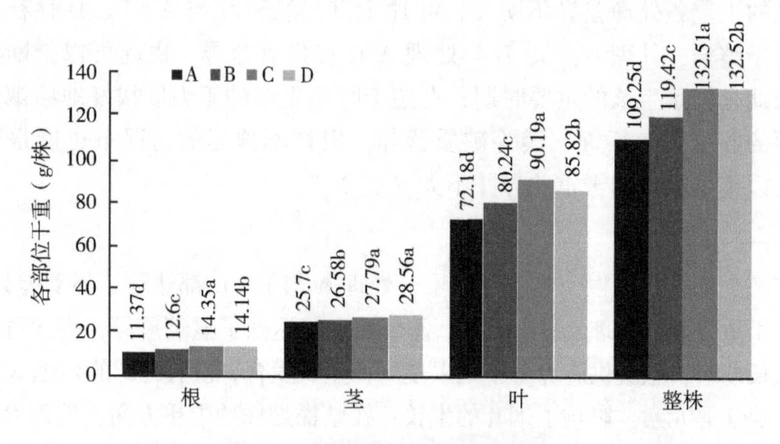

图 2-6　旺长期烟株各部位干重

注：A，不施肥（CK）；B，常规施肥（烟草专用肥料常规施肥）；C，配方施肥Ⅰ，常规施肥+改良剂（柠檬酸 4g 和硫黄 6g 混合），70%基施，30%追施；D，配方施肥Ⅱ，常规施肥+改良剂（柠檬酸 4g 和硫黄 6g 混合），全部基施

呈显著差异，大小顺序为 C>D>B>A，烟叶生长迅速；在整株干重方面，与烟叶一致，各处理呈显著差异，大小顺序为 C>D>B>A（图 2-7）。

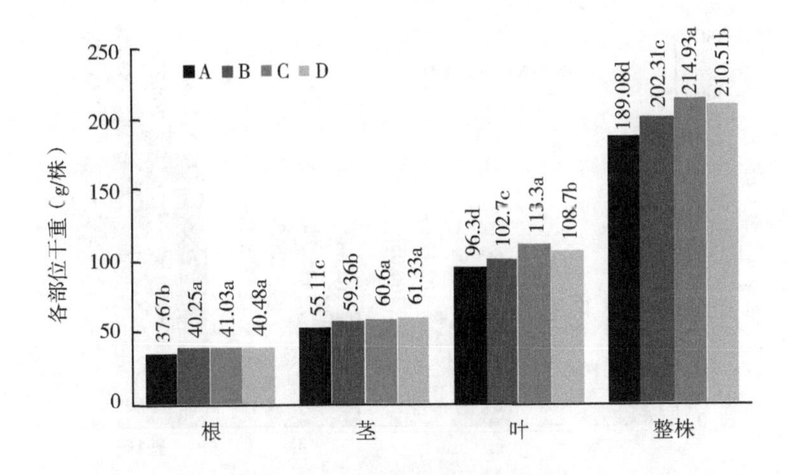

图 2-7　打顶前烟株各部位干重

注：A，不施肥（CK）；B，常规施肥（烟草专用肥料常规施肥）；C，配方施肥Ⅰ，常规施肥+改良剂（柠檬酸 4g 和硫黄 6g 混合），70%基施，30%追施；D，配方施肥Ⅱ，常规施肥+改良剂（柠檬酸 4g 和硫黄 6g 混合），全部基施

（四）打顶后

打顶后，在烟株根干重方面，处理 C>D>B>A，其中 C、D 差异不显著，C、D 与 A、B 两组差异显著；在茎干重方面，C、D 差异显著，大小顺序与根干重一致为 C>D>B>A；在烟叶干重方面，与根、茎干重一致，各处理差异显著，大小顺序为 C>D>B>A；在整株干重方面，与烟叶干重一致，各处理差异显著；烟叶是烟株最重要的一部分，烤烟所需要的也是烟叶，作为能带来经济价值的部分，处理 C 的烟叶干重最重，所以处理 C 是最适合烟叶干重产量的方法（图 2-8）。

（五）根冠比

烟株地上部分干重与地下部分干重的比值变化都是先升高再降低，到了打顶前成熟期，又开始缓慢降低，在旺长期时，比值达到最高。分析原因，在团棵期至旺长期期间，烟株迅速发育，烟叶与茎的生长速度快于根的生长速度，并在旺长期达到峰值；从旺长期到打顶前成熟期期间，烟叶生长缓慢，茎可能基本停止生长，而根继续生长，造成了比值下降；在成熟期后，烟叶因为自身成分转化或者物质转化，而根继续缓慢生长，就造成了地上干重与地下干重比例缓慢下降，这个规律也符合烟株的生长发育规律（图 2-9）。

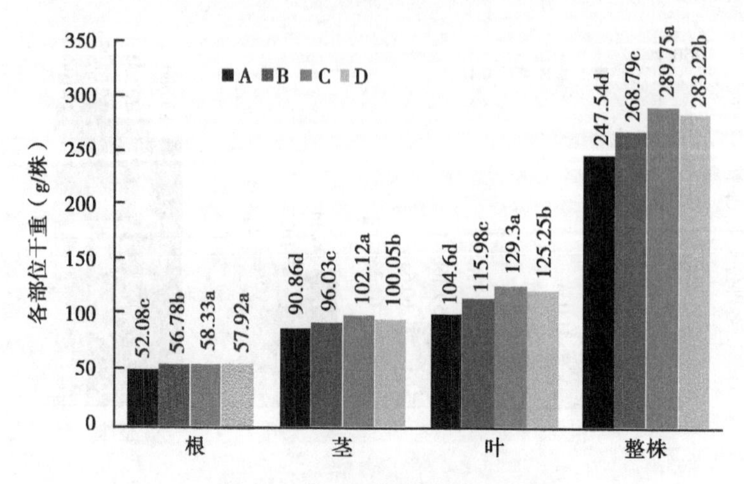

图 2-8　打顶后烟株各部位干重

注：A，不施肥（CK）；B，常规施肥（烟草专用肥料常规施肥）；C，配方施肥Ⅰ，常规施肥+改良剂（柠檬酸 4g 和硫黄 6g 混合），70%基施，30%追施；D，配方施肥Ⅱ，常规施肥+改良剂（柠檬酸 4g 和硫黄 6g 混合），全部基施

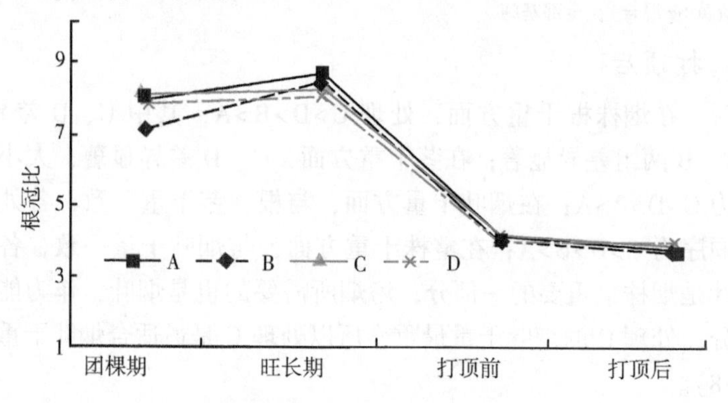

图 2-9　烟株根冠比的变化

注：A，不施肥（CK）；B，常规施肥（烟草专用肥料常规施肥）；C，配方施肥Ⅰ，常规施肥+改良剂（柠檬酸 4g 和硫黄 6g 混合），70%基施，30%追施；D，配方施肥Ⅱ，常规施肥+改良剂（柠檬酸 4g 和硫黄 6g 混合），全部基施

第四节　配方施肥对烟株钾含量及钾积累量的影响

一、烟株各器官钾含量的变化

烟株在团棵期时，各个处理的根钾含量差异不大，可能是烟株在团棵期

时，根系快速生长，土壤的养分完全能供应根系的生长，而茎和叶生长缓慢，土壤里的钾能被根系很好地吸收；在茎含钾和叶含钾方面，C、D处理无显著差异，C、D的茎、叶含钾量均大于A、B茎、叶含钾量，可能是肥料的钾有一小部分开始被烟株地上部分所吸收；整株的含钾情况与烟叶含钾情况一致，顺序都是D>C>B>A（表2-6）。

旺长期和团棵期一样，根系含钾量都低于茎和烟叶的含钾量，根系中含钾量差异不大，施肥的3个处理含钾量相差不大；茎的含钾量，处理C、D、B的含钾量要明显高于A的含钾量，这是因为烟株到了旺长期，其地上部分快速增长，土壤的养分对茎和烟叶的生长发育已供应不足，所以导致A与其他3个处理差异显著；在烟叶含钾量和整株含钾量方面，与茎含钾量一致，C、D处理的含钾量均要高于B处理；分析原因，当烟株进入旺长期时，根系开始生长缓慢，茎和烟叶快速生长，自然条件下生长的处理A土壤供养不足，处理B的常规施肥可能供钾不足，当地雨天太多也有一定的影响，而处理C、处理D因为施用了土壤改良剂，可能引起土壤某些理化性质的改变，使处理C、D的茎和烟叶除了能从肥料吸收钾外，还能从土壤吸收更多的钾；钾离子是可移动的矿质元素，根系的钾离子也会运输到茎和烟叶中，使茎和烟叶越长越大，所以，旺长期时烟株的根系含钾量比团棵期的有所下降，而不施肥料处理A和常规施肥处理B表现出一定的缺钾症状（表2-6）。

打顶前成熟期，烟株的含钾量和前两个时期基本保持一致，顺序为烟叶>茎>根。在自然条件下生长的烟株处理A，在根、茎、叶以及整株的含钾量都是最低的，在这期间，烟株表现出缺钾症状，茎细，烟叶小、泛黄，缺钾造成叶片光合作用不强，这也和旺长期该处理的根、茎、叶的农艺性状和干重相对应；在烟叶含钾量方面，C、D处理与A、B处理差异显著，这个时期烟叶吸钾能力变强，合成和积累物质也增强，而A、B处理的烟叶表现出了缺钾症状，也有可能是其他离子如氮、钙等离子过高，竞争影响了钾的吸收；在整株烟叶含钾量方面，各个处理差异显著，顺序为C>D>B>A（表2-6）。

打顶后，烟株的根、茎、叶含钾量比成熟期都有所下降；处理A和B的茎含钾量高于烟叶含钾量，处理C和D的茎含钾量低于烟叶含钾量；在根的含钾量方面，处理B、C、D无显著差异；而在茎、叶和整株的含钾量方面，各处理均存在显著差异。分析原因，根中的含钾量差异不显著，可能是因为土壤固钾现象的存在，固钾现象的发生会导致肥料的钾在土壤中很难被吸收，而烟株根里的钾可能会回流至土壤，还有雨水多，土壤被冲散也可能是其原因。在自然条件下生长的烟株处理 A，从旺长期开始，一直表现出缺钾的症状，烟株发育不良（表 2-6）。

表 2-6　各个处理烟株各部位不同时期的钾含量　　（单位:%）

时期	处理	根	茎	叶	整株
团棵期	A	3. 65b	4. 43c	3. 73c	11. 82c
	B	3. 86a	5. 17b	4. 45b	13. 48b
	C	3. 91a	5. 92a	4. 61a	14. 44a
	D	3. 90a	6. 01a	4. 62a	14. 53a
旺长期	A	2. 16b	1. 24c	1. 76b	5. 15c
	B	2. 85a	3. 22b	4. 13a	10. 19b
	C	2. 86a	4. 31a	4. 22a	11. 39a
	D	2. 84a	4. 22a	4. 21a	11. 27a
打顶前	A	1. 07c	1. 23c	1. 66c	3. 96d
	B	2. 13b	2. 22b	2. 67b	7. 03c
	C	2. 24a	2. 45a	3. 18a	7. 89a
	D	2. 27a	2. 23b	3. 05a	7. 55b
打顶后	A	0. 64b	1. 02d	0. 87d	2. 54d
	B	1. 15a	2. 08c	1. 66c	4. 90c
	C	1. 31a	2. 29a	2. 52a	6. 11a
	D	1. 22a	2. 21b	2. 36b	5. 80b

注：A，不施肥（CK）；B，常规施肥（烟草专用肥料常规施肥）；C，配方施肥Ⅰ，常规施肥+改良剂（柠檬酸 4g 和硫黄 6g 混合），70%基施，30%追施；D，配方施肥Ⅱ，常规施肥+改良剂（柠檬酸 4g 和硫黄 6g 混合），全部基施

二、采收后的烟叶钾含量

处理 A、B、C 的烟叶含钾量都是中部叶>下部叶>上部叶，造成这个的原因可能是在旺长期时，烟株的根系吸钾能力达到了一定的限度，而烟株的中、上部叶长势迅速，需要大量的钾，此时下部叶中的钾可能运输到了中、上部叶中，来满足中、上部叶的生长，所以烟叶含钾量中部叶比下部叶要多；处理 D 为下部叶>中部叶>上部叶，这与其他研究的烟株烟叶吸钾规律相吻合；在上部叶和中部叶含钾量中，C、D 处理差异不显著，其都与 A、B 差异显著；在下部叶含钾量中，各个处理差异显著。综上可见，C 处理和 D 处理都能提高烟叶的吸钾能力，且差异不大（图 2-10）。

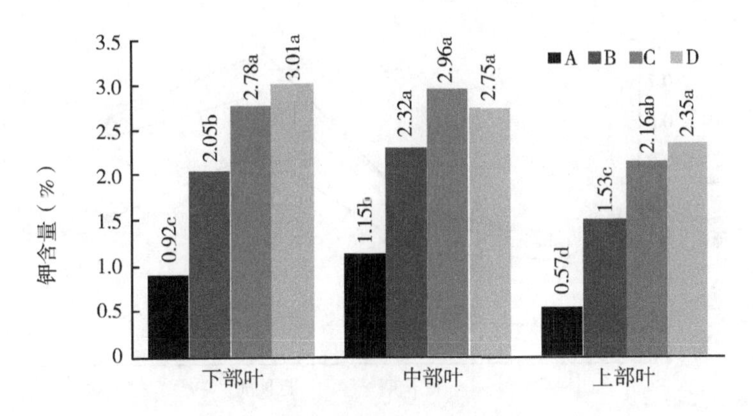

图 2-10　各部位烟叶钾含量

注：A，不施肥（CK）；B，常规施肥（烟草专用肥料常规施肥）；C，配方施肥Ⅰ，常规施肥+改良剂（柠檬酸 4g 和硫黄 6g 混合），70%基施，30%追施；D，配方施肥Ⅱ，常规施肥+改良剂（柠檬酸 4g 和硫黄 6g 混合），全部基施

三、烟株各器官钾积累量的变化

（一）根

烟株根的钾积累有先升高再降低的变化，团棵期至旺长期变化平稳，旺长期后，变化幅度增大；各个处理比较，自然条件下生长的烟株处理 A 在整个生育过程中钾的积累量都是最低的，常规施肥的处理 B 根的钾积累量始终低于 C、D 处理；处理 C 和处理 D 根的钾积累量变化趋势基本一致，在打顶前烟株成熟时，C 处理根的钾积累量要高于 D 处理，各自都达到钾积累量的最大值；打顶后，C 处理根的钾积累量要低于 D 处理，都呈降低的趋势。分析原因，在团棵期至旺长期时，根能够从土壤吸收所需要的钾，成熟期后，烟株生长发育达到最大程度，根的钾积累降低，可能是土壤固定钾，根系不能吸收，而根里的钾移动到烟叶中来满足烟叶的生长，造成了根中钾积累量的减少。D 处理根的钾积累量最后高于 C 处理，可能是 D 处理肥料肥效长，流失比 C 处理少（图 2-11）。

（二）茎

烟株茎的钾积累量在整个生育期一直在升高，从团棵期到打顶前，钾积累量升高幅度较大，打顶后，钾积累量趋于稳定；各个处理之间比较，自然条件下生长的烟株处理 A 茎的钾积累量一直都是最低的，常规施肥处理 B 茎的钾积

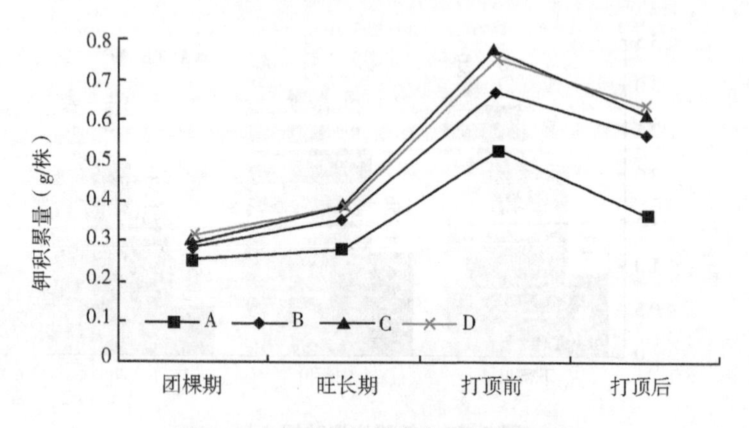

图 2-11　各处理烟株根内钾积累量变化

注：A，不施肥（CK）；B，常规施肥（烟草专用肥料常规施肥）；C，配方施肥Ⅰ，常规施肥+改良剂（柠檬酸 4g 和硫黄 6g 混合），70%基施，30%追施；D，配方施肥Ⅱ，常规施肥+改良剂（柠檬酸 4g 和硫黄 6g 混合），全部基施

累在整个生育期一直低于 C、D 处理，其变化趋势和处理 A 基本一致；处理 C 和处理 D 茎的钾积累量变化趋势基本一致，烟株成熟后，C 处理茎的钾积累量比 D 处理升高得更快，试验结束时茎的钾积累量顺序为 C>D>B>A（图 2-12）。

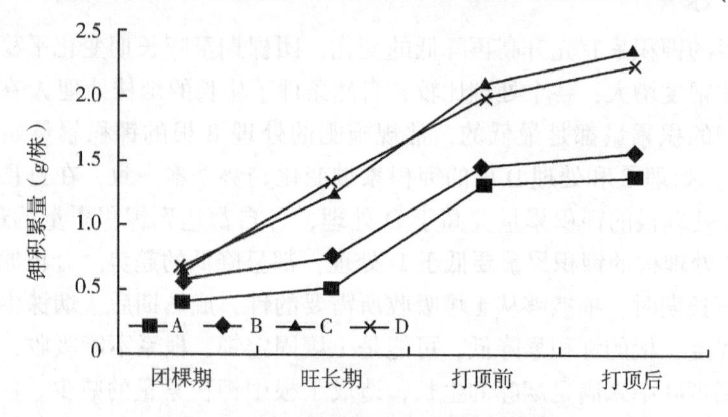

图 2-12　各处理烟株茎内钾积累量变化

注：A，不施肥（CK）；B，常规施肥（烟草专用肥料常规施肥）；C，配方施肥Ⅰ，常规施肥+改良剂（柠檬酸 4g 和硫黄 6g 混合），70%基施，30%追施；D，配方施肥Ⅱ，常规施肥+改良剂（柠檬酸 4g 和硫黄 6g 混合），全部基施

（三）叶

烟株烟叶的钾积累量在整个生育期都出现先升高再降低的过程；团棵期至旺长期间，烟叶钾积累量迅速升高，旺长期到成熟期间，烟叶钾积累量缓慢升高，成熟期后，烟叶钾的积累量开始降低，可能是烟叶成熟后，光合能力达到最强，干物质合成增加或者是雨水太多，肥料流失。各个处理间比较，自然条件下生长的烟株处理 A 的烟叶钾积累量一直都是最低的，达不到烟叶钾积累量的标准，可能是因为雨水太多，土壤养分流失严重；处理 B 的烟株在成熟期后，烟叶钾积累量迅速下降，有可能是试验误差所致；处理 C 在旺长期后，烟叶的钾积累高于处理 D，但在打顶后，处理 D 烟叶的钾积累量略高于处理 C，说明两种施肥处理都能明显增加烟叶的钾积累量（图 2–13）。

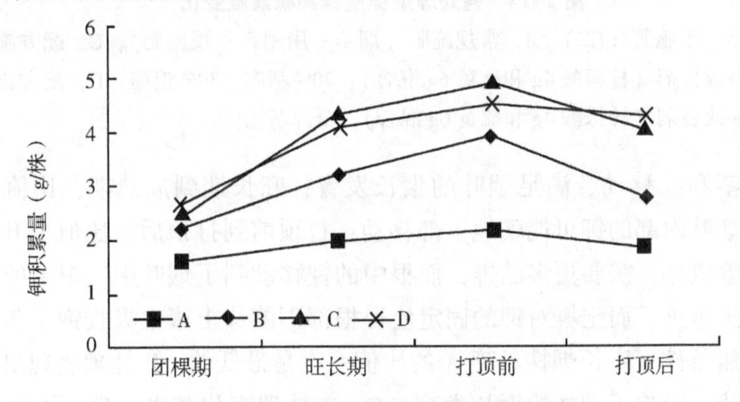

图 2–13　各处理烟株烟叶钾积累量变化

注：A，不施肥（CK）；B，常规施肥（烟草专用肥料常规施肥）；C，配方施肥Ⅰ，常规施肥+改良剂（柠檬酸 4g 和硫黄 6g 混合），70%基施，30%追施；D，配方施肥Ⅱ，常规施肥+改良剂（柠檬酸 4g 和硫黄 6g 混合），全部基施

（四）整株

烟株整株的钾积累量表现为先升高后降低的趋势，这和烟叶的钾积累量变化趋势相似。各个处理间比较，自然条件下生长的烟株处理 A 整株的钾积累量一直都是最低的；处理 C 在整个生育期的钾积累量一直是最高的，说明处理 C 的施肥处理可以增加烟株的钾积累量（图 2–14）。

（五）地上部与地下部钾积累量之比

地上部与地下部钾积累量之比呈先上升，然后降低，再上升的趋势，说明钾在烟株各个生育期内朝不同方向移动。团棵期至旺长期，比值上升，说明根

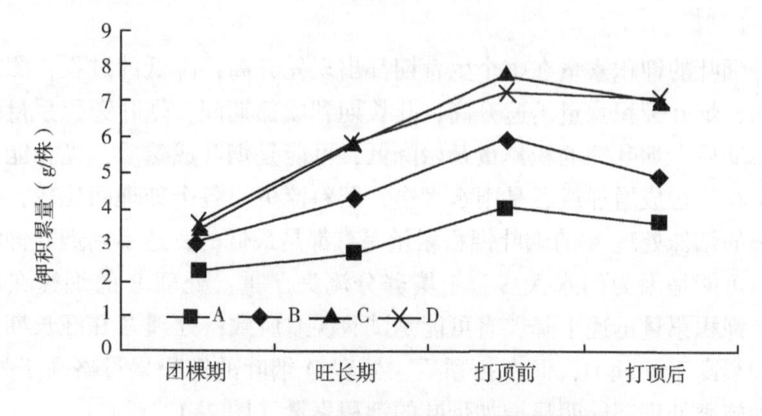

图 2-14　各处理烟株整株钾积累量变化

注：A，不施肥（CK）；B，常规施肥（烟草专用肥料常规施肥）；C，配方施肥Ⅰ，常规施肥+改良剂（柠檬酸 4g 和硫黄 6g 混合），70%基施，30%追施；D，配方施肥Ⅱ，常规施肥+改良剂（柠檬酸 4g 和硫黄 6g 混合），全部基施

里的钾朝茎和叶移动，满足烟叶的生长发育；旺长期到成熟期，比值迅速下降，说明烟叶内部的钾可能朝地下部移动；打顶前到打顶后，比值上升，可能是烟叶随着成熟，需要更多的钾，而根中的钾移动到了烟叶中，根中的钾也可能回流到土壤里，而土壤对钾的固定使得根部不能从土壤中吸收钾。各个处理比较，自然条件下生长烟株处理 A 的比值一直是最低的，B 处理表现出了一定的缺钾症状，影响了烟株的生长发育；C、D 处理变化基本一致，说明两个处理烟株的钾具有很强的流动性（图 2-15）。

第五节　配方施肥对碱性植烟土壤烟株钾利用效率与钾素干物质生产率的影响

一、钾素利用率

配方施肥对碱性植烟土壤烟株的钾素利用效率具有显著的影响。其中，不施肥处理最高（28.77%），常规施肥（烟草专用肥料常规施肥）次之，为 23.65%；配方施肥Ⅰ［常规施肥+改良剂（柠檬酸 4g 和硫黄 6g 混合），70%基施，30%追施］第三，为 18.21%；配方施肥Ⅱ［常规施肥+改良剂（柠檬酸 4g 和硫黄 6g 混合），全部基施］最低，为 17.66%。

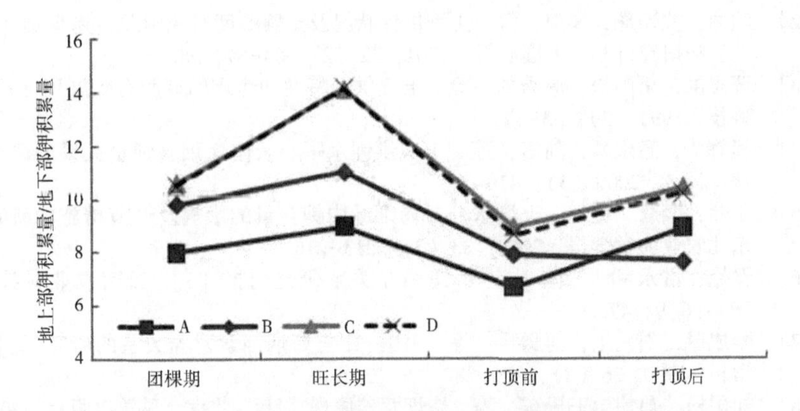

图 2-15　不同处理地上部与地下部钾积累量比值的变化

注：A，不施肥（CK）；B，常规施肥（烟草专用肥料常规施肥）；C，配方施肥Ⅰ，常规施肥+改良剂（柠檬酸 4g 和硫黄 6g 混合），70%基施，30%追施；D，配方施肥Ⅱ，常规施肥+改良剂（柠檬酸 4g 和硫黄 6g 混合），全部基施

除两个配方施肥处理之间差异不显著外，其他处理之间差异都显著。其中的原因，可能是不施肥处理的烟叶生长发育速度较慢，而烟株的钾积累的速度大于烟叶生长的速度；而配方施肥处理因为施用了改良剂，烟株的生长速度很快，钾积累量没有干物质积累快，所以导致了钾素的利用率较低。

二、钾素干物质生产率

与钾素利用率结果相似，各个处理的钾素干物质生产率也存在显著差异。以不施肥处理最高（68.10%），其次为常规施肥（54.81%），第三为配方施肥Ⅰ（40.80%），以配方施肥Ⅱ为最低（39.93%）。除两个配方施肥处理之间差异不显著外，其他处理之间差异都显著。其中的原因，可能是施用肥料的烟株钾积累速度很快，而烟株干重的增长速度要比钾积累速度慢，而没有施用肥料的处理 A 可能相反，所以 A 处理的钾素干物质生产率最高，而施用了改良剂的处理 C 和 D 最低。可以推出，烟株钾积累量的增加会降低烟株的钾素干物质生产率，而改良剂能显著提高烟株的钾积累量，所以施用改良剂会降低烟株的钾素干物质生产率。

参考文献

[1]　席承藩．中国土壤［M］．北京：中国农业出版社，1998，922-940.

[2] 颜丽，关连珠，栾双，等．土壤供钾状况及土壤湿度对我国北方烤烟烟叶含钾量的影响研究［J］. 土壤通报，2001，32（2）：84-87，98.
[3] 曹志洪，胡国松，周秀如，等．土壤供钾特性和烤烟的钾肥有效施用［J］. 烟草科技，1993（2）：33-37.
[4] 程辉斗，温永琴，陆富，等．土壤供钾水平与云南烤烟含钾量关系的研究［J］. 烟草科技，2000（3）：41-43.
[5] 丁伟，栾双，程鹏．土壤水分对烤烟叶中钾含量的影响及调节措施的研究［J］. 东北农业大学学报，2003，33（3）：213-216.
[6] 晋艳，雷永和．烟草中钾钙镁相互关系研究初报［J］. 云南农业科技，1993（3）：6-9，47.
[7] 黎成厚，刘元生，何腾兵，等．土壤 pH 与烤烟钾素营养关系的研究［J］. 土壤学报，1999，36（2）：276-282.
[8] 胡国松，郑伟，王振东，等．烤烟营养原理［M］. 北京：科学出版社，2000.
[9] 李松岭．河南省烟叶含钾量低的原因及对策［J］. 河南农业科学，2000（10）：6-8.
[10] 洪丽芳，苏帆．烤烟钾素营养的研究进展［J］. 西南农业学报，2001，14（2）：87-91，104.

第三章　烟草基因型间的电生理学特性差异

第一节　烟草不同基因型钾吸收动力参数的差异

不同植物及其基因型之间，由于吸钾能力、钾的营养效率及对钾的积累能力不同，其含钾量也有着明显的不同。这种差异是可以稳定遗传的性状[1-3]。根据这种差异，可分为富钾基因型与耐低钾基因型。在烤烟的种质资源中，也存在着这两种类型的基因型[4]。在植物的钾素营养研究领域中，对耐低钾的生理机制进行了较为详细的研究，结果表明，高的最大吸收速率（v_{max}）、低的米氏常数（K_m）及相对较高的钾利用效率（KUE），是导致基因型耐低钾的主要原因[5,6]，并因此形成了相对完善的在低钾浓度下筛选耐低钾基因型的筛选指标与筛选体系[7-9]。然而对富钾形成的生理机制则研究较少。杨铁钊和彭玉富[10]对钾含量不同基因型的钾积累特性进行分析后发现，富钾烟草基因型具有钾积累速率高和高积累速率持续时间较长 2 个重要特征。对籽粒苋不同基因型的研究表明，籽粒苋的富钾基因型具有吸钾速率大、植株含钾量及单株吸钾量较高的特点[11]。一般而言，吸收钾能力强的基因型具有最大吸收速率（v_{max}）较高，而米氏常数（K_m）相对较小的特点[12-15]。因此，通过考察不同基因型烤烟的根系钾吸收动力学特征，即能够在一定程度上判断它们对钾的吸收能力的强弱。

NC 89、NC 2326、农大 202（ND 202）及净叶黄（JYH）为 4 个钾营养效率不同的烤烟品种。其中，农大 202（ND 202）的钾营养效率显著高于其他 3 个品种。据研究，富钾烤烟新品系 ND202 是根据数量性状分离和自由组合规律，由普通栽培品种 NC2326 及净叶黄杂交后，再经过基因重组后的杂种后代中系统定向选择而获得的一个叶片含钾量显著高于其双亲的超亲变异富钾新品系。

本研究采用耗竭实验的手段，对这 4 个品种的钾吸收特征进行了分析，结果如图 3-1 所示。

由图 3-1 可以看出，4 个基因型之间对 K^+ 的吸收存在明显差异，其中，

NC 2326 的吸收曲线较为平缓，其次是净叶黄，而农大 202 及 NC 89 则表现为一种近似的线性关系。这表明农大 202 及 NC 89 对 K^+的吸收能力明显高于 NC 2326及净叶黄。

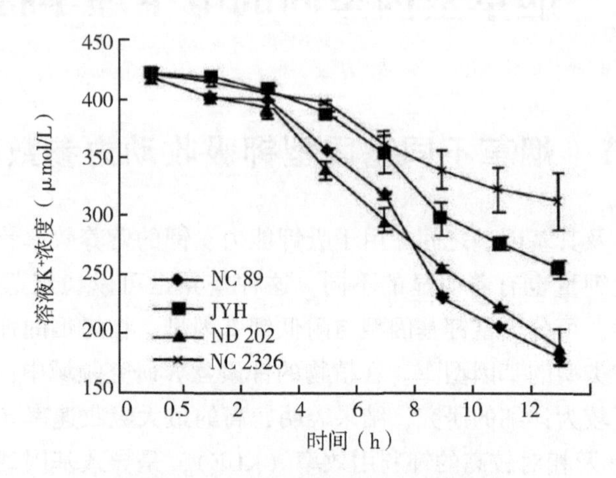

图 3-1　不同烤烟基因型 K^+耗竭曲线

为进一步明确不同基因型根系钾吸收动力学特征参数之间的关系，将该吸收曲线经 SigmaPlot 软件拟合后，计算出各基因型的吸收动力学参数 v_{max}及 K_m。

v_{max}表征了植物或某一基因型对 K^+的最大吸收速率，其值越大，吸收强度就越大。由表 3-1 可以看出，农大 202 的 v_{max}最大，其次为 NC 89。这 2 个基因型的 v_{max}明显高于净叶黄及 NC 2326，表明农大 202 与 NC 89 对 K^+的吸收强度大大高于其余 2 个基因型。方差分析的结果表明，就 v_{max} 而言，净叶黄及 NC 2326之间的差异不显著，两者与农大 202 及 NC 89 之间的差异分别达到显著水平；农大 202 与 NC 89 之间也有显著的差异。

表 3-1　烤烟不同基因型根系钾吸收动力学特征参数的比较

基因型	v_{max}［μmol/（g·h）］	K_m（μmol/L）
NC 89	126. 66 b	200. 52 c
净叶黄（JYH）	94. 33 c	383. 96 a
农大 202（ND 202）	152. 69 a	218. 17 c
NC 2326	73. 83 c	241. 46 b

K_m反映了某一基因型吸收系统对离子亲和力的高低。K_m越小，表明亲和力

越高，反之，则越低。表3-1说明，在4个基因型中，净叶黄对K^+的亲和力最低，NC 2326次之，而以NC 89及农大202对K^+的亲和力最高。同时，也表明NC 89及农大202对K^+的吸收能力高于另外2个基因型。方差分析结果也表明，4个基因型之间的K_m差异达到显著水平，而农大202与NC 89之间则没有显著差异。

第二节　烟草不同基因型质膜内向钾电流的差异

植物对钾的吸收，主要通过根部的根毛细胞来进行。根毛细胞对钾的吸收，是一种耗能的过程。通过该过程，能够将外界环境中可移动的钾离子跨膜运输到胞内。这个跨膜过程，主要通过其根细胞质膜上的内向K^+通道进行。

K^+通道是一种位于细胞质膜上的跨膜蛋白，其主要的作用就是通透钾离子，实现钾离子的跨膜转运。在结构上，钾离子通道蛋白的多肽链在质膜上形成了一个拓扑结构。该结构在质膜上构成了一个跨膜的孔道，钾离子的跨膜运输即通过此孔道进行。由于钾离子带有电荷，所以钾离子通过离子通道蛋白的跨膜流动就形成了电流。所形成的电流可以通过专门的记录仪器记录下来，而该电流的大小，就反映了通过离子通道的钾离子的多少。因此，通过比较不同细胞内向钾电流的强度，就可以在一定程度上知晓细胞对钾离子吸收的多少。

Xu等[16]利用膜片钳技术对拟南芥突变体与野生型的根皮层原生质体内向K^+电流进行了全细胞记录，从K^+通道水平上阐明了突变体对低钾敏感的原因。刘卫群等[17]对烟草根皮层原生质体质膜上的K^+通道进行了研究，结果表明，内向钾通道在膜电压低于-40mV时，可以被K^+激活，该内向钾电流的K_m约为15.2mmol/L，与低亲和性钾吸收的K_m十分接近。但是，烤烟品种的不同基因型是否在根皮层原生质体质膜的内向钾电流方面存在差异呢？本课题组研究了NC 89、NC 2326、农大202（ND 202）及净叶黄（JYH）4个烤烟品种的根皮层原生质体质膜的内向钾电流特征，结果如图3-2所示。

一、全细胞电流的鉴定

在对内向钾电流进行正式记录之前，必须对电流的成分进行鉴定。全细胞电流的逆转电位（E_{rev}）是鉴定电流成分的重要依据。根细胞原生质体在胞外溶液含K^+10mmol/L、胞内含K^+100mmol/L时，保持电位设在-58mV，当膜电位超过-100mV时，可记录到明显的内向电流；膜电位越负则内向电流越大。

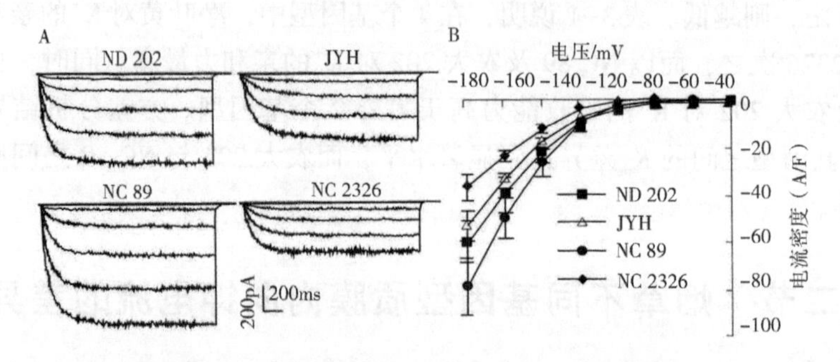

图 3-2　烟草根皮层细胞内向 K^+ 电流全细胞记录

A：全细胞记录及电流与时间标尺；B：全细胞跨膜电流密度与跨膜电压关系曲线

通过尾电流记录分析跨膜电流的变化，内向电流的逆转电位（E_{rev}）为-40mV。据能斯特方程对细胞内外主要离子平衡电位的计算表明，烟草根细胞质膜的逆转电位接近 K^+ 的平衡电位（-58mV），证明烟草根细胞原生质体的全细胞内向电流主要是 K^+ 电流。

二、全细胞电流记录

图 3-2 为不同烤烟基因型根皮层原生质体质膜内向钾电流全细胞记录的结果。由图 3-2 可以看出，各个烤烟基因型随着膜电位偏向负值程度的加大，其内向钾电流的密度（pA/pF）也逐步加大，但其增加的幅度却有明显的不同。在膜电位达到-180mV 时，各个基因型的电流密度均达到最大。其电流密度的绝对值以 NC 89 最高，约为-80A/F，其次为农大 202 及净叶黄，其电流密度分别约为-60A/F 及-50A/F，而 NC2326 的电流密度最小，大约为-40A/F。

内向钾电流的大小在一定程度上反映了基因型对 K^+ 吸收能力的高低。高等植物通过离子通道对离子的吸收是一个被动的过程，它也是 Epstein 等[18]所描述的两种离子吸收机制中的一种低亲和的吸收机制。研究表明[17,19]，在胞外 K^+ 浓度从 1～10mmol/L 变化时，根据记录到的内向 K^+ 电流的大小所计算出的 K^+ 吸收的平衡解离常数（K_m）均大于 10mmol/L，表明高等植物根皮层细胞质膜上的内向 K^+ 通道所介导的主要是植物低亲和性 K^+ 吸收。因此，在低亲和性 K^+ 吸收状态下，NC 89 对 K^+ 的吸收能力最高，其次为农大 202 及净叶黄，NC 2326最低。

值得注意的是，从电流密度的角度来看，农大 202 仅次于 NC 89，比净叶黄及 NC 2326 均高，这与农大 202 的 v_{max} 较高基本一致。由此说明，根皮层原生质体内向 K^+ 电流的大小与烤烟品种对 K^+ 吸收能力的高低密切相关，在一定程度上决定了基因型的 K^+ 营养效率。所以，烟草根皮层细胞原生质体内向 K^+ 电流的大小，或许能够作为一个较可靠的鉴定指标，指导烟草 K^+ 营养高效基因型的筛选与鉴定。

参考文献

[1] PETTERSON S, JENSÉN P. Variation among species and varieties in uptake and utilization of potassium [J]. Plant and Soil, 1983, 72: 231-237.

[2] ZHANG G, CHEN J, ESHETU A T. Genotype variation for potassium uptake and utilization efficiency in wheat [J]. Nutrition Cycling in Agroecosystems, 1999, 54: 41-48.

[3] GEORGE M S, LU G Q, ZHOU W J. Genotypic variation for potassium uptake and utilization efficiency in sweet potato (*Ipomoea batatas* L.) [J]. Field Crops Research, 2002, 77 (1): 7-15.

[4] 周应兵, 林国平, 毕洪来, 等. 钾积累高效烟草种质资源的鉴定 [J]. 安徽农业技术师范学院学报, 1998, 12 (3): 22-25.

[5] WOODEND J J, GLASS A D M. Genotype environment interaction and correlation between vegetative an grain production measures of potassium use efficiency in wheat (*T. aestivum* L.) grown under potassium stress [J]. Plant and Soil, 1993, 151: 39-44.

[6] 邹春琴, 李振声, 李继云. 钾利用效率不同的小麦品种各生育期钾营养特点 [J]. 中国农业科学, 2002, 35 (3): 340-344.

[7] 刘国栋, 刘更另. 籼型杂交稻耐低钾基因型的筛选 [J]. 中国农业科学, 2002, 35 (9): 1044-1048.

[8] 刘建祥, 杨肖娥, 杨玉爱, 等. 低钾胁迫下水稻钾高效基因型若干生长特性和营养特性的研究 [J]. 植物营养与肥料学报, 2003, 9 (2): 190-195.

[9] 赵学强, 介晓磊, 谭金芳, 等. 钾高效小麦基因型的筛选指标和筛选环境研究 [J]. 植物营养与肥料学报, 2006, 12 (2): 277-281.

[10] 杨铁钊, 彭玉富. 富钾基因型烤烟钾积累特征研究 [J]. 植物营养与肥料学报, 2006, 12 (5): 750-753.

[11] 李廷轩, 马国瑞. 籽粒苋富钾基因型筛选研究 [J]. 植物营养与肥料学报, 2003, 9 (4): 473-479.

[12] 王永锐, 陈玉梅, 邓政賽. 耐低钾水稻的幼苗生长及其营养吸收状况 [J]. 中山大学学报: (自然科学版) 1989, 28 (4): 68-73.

[13] 施卫明, 王校常, 严蔚东, 等. 外源钾通道基因在水稻中的表达及其钾吸收特征研究 [J]. 作物学报, 2002, 28 (3): 374-378.

[14] 邹春琴, 李振声, 李继云. 小麦对钾高效吸收的根系形态学和生理学特征 [J]. 植物营养与肥料学报, 2001, 7 (1): 36 - 43.

[15] 王巩, 陆引罡, 张步阔, 等. 不同水稻品种对钾的吸收生理特性研究 [J]. 耕作与栽培, 2001 (2): 25, 30.

[16] XU J, LI H D, CHEN L Q, et al. A protein kinase, interacting with two calcineurin B-like proteins, regulates K^+ transporter AKT1 in *Arabidopsis* [J]. Cell, 2006, 125: 1347-1360.

[17] 刘卫群，王卫民，石永春，等．烟草根皮层原生质体质膜钾通道的特性研究［J］．武汉植物学研究，2005，23（6）：524-529.

[18] EPSTEIN, RAINS D W, ELZAM O E. Resolution of dual mechanism of potassium absorption by barley roots [J]. Proceelings of the National Academy of Sciences, 1963, 49: 684-692.

[19] 于川江，武维华．拟南芥根皮层细胞质膜内向K^+通道电生理特性分析［J］．中国科学 C 辑：生命科学，1999，29（3）：316-323.

第四章　烟草响应低钾的全基因组表达谱变化

从分子水平来看，植物的各种生理生化活动，均是植物不同种类的基因调控、转录、表达与发挥作用的结果。烟草对钾的吸收、转运、利用与再利用的过程也不例外。尤其是当外界的供钾能力不足时，烟草植株在细胞水平、组织器官水平以及植株整体水平，都会发生一系列的生理生化反应，以适应周围不良的环境条件，最大程度地维持自身的正常生长。所以，在全基因组水平上了解烟草在低钾胁迫条件下基因表达的变化，对于探究烟草钾营养的分子机制，深入研究烟草的缺钾生理响应，进而在实际生产中采取相应措施改善烟草的钾营养效率，均具有十分重要的意义。

第一节　烟草低钾响应基因表达的总体特征

一、响应表达基因的数量

将无菌的烟草幼苗进行低钾处理，在处理后 6h、12h、24h 后，采集烟苗样品，进行转录水平的表达谱分析。以基因表达量的变化在 2 倍以上，以及 $P<0.05$ 为筛选条件，对差异表达基因（DEGs）的数量进行了统计，结果见表 4-1。

表 4-1　差异表达基因统计

处理	总量	上调数量	上调占比（%）	下调数量	下调占比（%）
0~6h	2 277	1 270	33.51	1 007	26.57
0~12h	1 954	1 159	30.58	795	20.98
0~24h	1 835	1 023	26.99	812	21.42
差异表达基因总数	3 790				

6h 低钾处理后，引起了 2 277 个基因差异表达，其中上调 1 270 ，下调 1 007。6h 时间点是设置的最初时间点，此时间点引起的差异表达基因数量最多，说明烟草在胁迫最初阶段为抵御低钾启动了大量基因的表达，并且可能与

调控和信号方面的生物过程有关。12h 低钾处理引起了 1 954 个基因差异表达，其中上调 1 159，下调 795。24h 低钾处理后则有 1 835 个差异表达基因，其中上调 1 023，下调 812。

从表 4-1 还能够看出，低钾胁迫引起的差异基因中，表达上调的基因数量比下调基因多，说明低钾胁迫促进了大量基因的表达，抑制了少量基因的表达。在剔除 3 组对比中重复的基因信息后（即某基因在不同的处理时间点均有差异表达），3 个时间点共计富集到 3 790 个基因，这类基因便是我们需要进行研究讨论的重点对象，需单独列出，分上下调重新注释，才能便于信息挖掘分析。

二、低钾处理进程与差异基因表达数量的集合关系

维恩图（Venn Diagram）是一种用封闭曲线（内部区域）表示集合及其关系的图形，该图直接阐释了具有交叉和从属关系的组分之间的内部联系。由图 4-1 可以看出，在上调表达的 DEGs 中，3 个处理时间点一直都处于上调的基

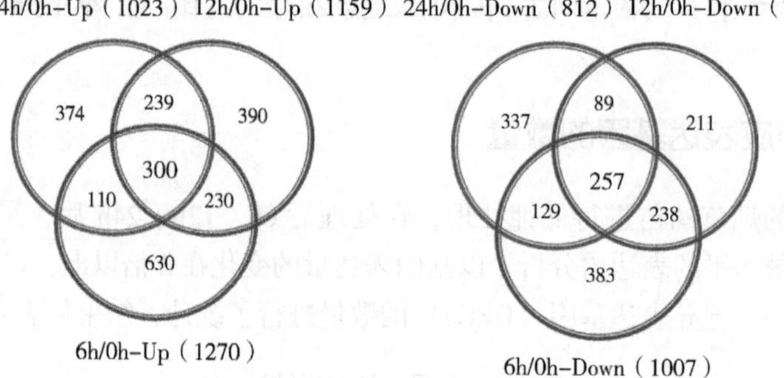

图 4-1 DEGs 维恩关系

左图：上调表达基因；右图：下调表达基因

因有 300 个，在下调表达的 DEGs 中，3 个处理时间点一直都处于下调的基因有 257 个，共计 557 个，该类基因在低钾胁迫后一直处于活跃状态，可能与低钾胁迫有直接的联系。同时，其他基因中，特定时间点单独变化的基因和两个时间点共同变化的基因，也是重点关注的对象，因为处于低钾胁迫初期，往往为了抵御逆境，会有大量基因表达的打开与关闭。

三、差异表达基因的表达趋势

基因表达趋势分析图，能够较好地展示低钾处理后不同时间点共同变化基因的动态变化趋势。利用 STEM（Short Time-series Expression Miner）软件把上述 557 个基因（包括上调与下调）的表达趋势进行了分析，共计得到 8 种表达趋势（图 4-2）。其中，1 号趋势富集到 167 条基因，3 号趋势富集到 60 条基

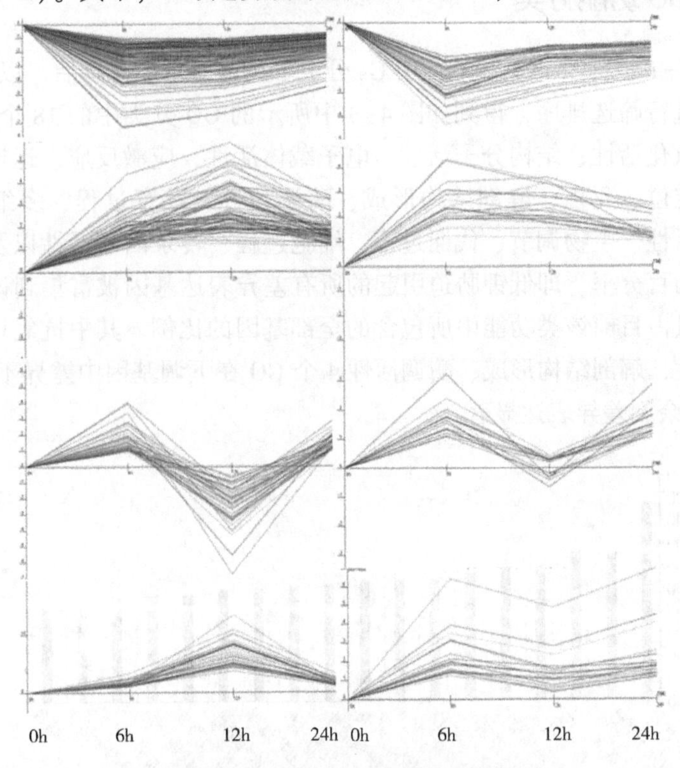

图 4-2　差异表达基因的表达趋势

注：趋势 1，$P=1.9*E-124$；趋势 2，$P=2.7*E-13$；趋势 3，$P=4.2*E-21$；趋势 4，$P=1.3*E-4$；趋势 5，$P=3.6*E-22$；趋势 6，$P=2.2*E-8$；趋势 7，$P=3.5*E-4$；趋势 8，$P=2.0*E-12$

因，5 号趋势富集到 45 条基因，2 号趋势富集到 43 条基因，8 号趋势富集到 30 条基因。4 号趋势富集到 20 条基因，7 号趋势富集到 19 条基因，6 号趋势富集到 16 条基因。由各趋势 P 值也可以看出，趋势中各基因的表达一致性较强，变化动态较一致。在一个时间动态的胁迫过程中，表达趋势相似的基因表现着

某种特定的意义，即此类趋势相似的基因可能在某生理生化过程中处于协同关系，因此，找到此类基因对后续研究具有重要意义。

第二节 烟草低钾响应基因的 GO 及 Pathway 分析

一、GO 功能分类

对表 4-1 中提及的 3 790 个 DEGs 分上下调进行重新注释后，以 *P*（0.05）显著水平进行筛选排序，得到如图 4-3 中所示的 GO 分类中的 18 个二级分类，分别是抗氧化活性、结构分子活性、电子载体活性、应激反应、运输活性、免疫系统、定位、死亡、解剖结构形成、酶调活性、发育过程、多细胞生物过程、催化活性、生物调节、代谢过程、细胞过程、转录因子活性以及结合。图中纵坐标为百分率，即低钾胁迫引起的所有差异表达基因被富集到该类功能中的基因数量占目前该类功能中所包含的全部基因的比例。其中抗氧化活性、结构分子活性、解剖结构形成、酶调活性 4 个 GO 在下调基因中差异不显著（$P<0.05$），其余则差异表达显著。

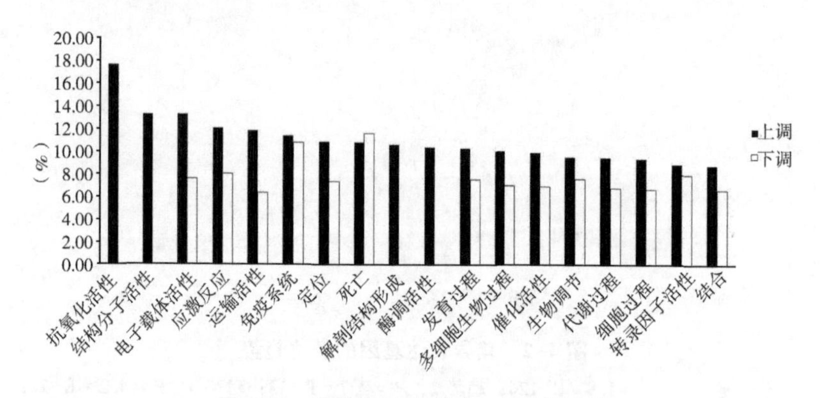

图 4-3 差异表达基因的 GO 功能分类

二、Pathway 分析

代谢途径（metabolic pathway）是指在生物化学中，发生在胞内的一连串有序的化学反应，并由各种酶类所催化控制，最终导致物质合成与分解、能量储存与释放，或引发下一个 pathway 的过程。代谢途径中的每个环节都是精细控制的，最初底物经逐步修饰成所需的化学结构的化合物，在不同酶的调控下有序地完成终产物的生成。而研究低钾胁迫下烟草代谢途径发生的变化，有助于对钾的缺失造成的植株内生理生化反应系统的了解，明确钾素在烟草某代谢途径中的重要性。

共进行了6组差异基因的注释，分别为6h vs 0h（Up，1270）、6h vs 0h（Down，1007）、12h vs 0h（Up，1159）、12h vs 0h（Down，795）、24h vs 0h（Up，1023）、24h vs 0h（Down，812）。经显著性水平（$P \leqslant 0.05$）筛选后，在6组pathway中，共富集到49条符合条件的代谢途径。经统计分析，比较重要的代谢途径如表4-2所示。

表4-2　烟草低钾响应基因所参与的主要代谢途径

代谢途径	占比（%）
Nitrogen metabolism（氮代谢）	30.23
Carotenoid biosynthesis（类胡萝卜素代谢）	29.17
Photosynthesis-antenna proteins（光合作用天线蛋白）	15.58
Carbon fixation in photosynthetic organisms（光合作用碳固定）	19.23
Starch and sucrose metabolism（淀粉和糖代谢）	20.00
Glycolysis/Gluconeogenesis（糖酵解/糖异生）	20.95
Pentose phosphate pathway（磷酸戊糖途径）	18.87

注：占比表示富集到的DEGs数量占完成某条pathway途径的总基因数量的百分比

第三节　参与烟草低钾响应的跨膜运输基因

一、总体情况

跨膜运输是生物体内细胞具有选择透过性的物质运输方式，是膜内外物质进行流通的基础，分为顺着化学梯度势的不消耗能量的被动运输，以及逆着化学梯度势的消耗能量的主动运输。而被动运输又分为不需要运输载体的自由扩散，以及需要运输载体的协助扩散。跨膜物质运输对植物的生命活动非常重要，如维持渗透势、参与调节、结构组成、能量代谢等。

跨膜运输活性（GO0022857 transmembrane transporter activity）是二级GO运输活性（GO0005215 transporter activity）下的三级分类，经注释后在P为0.05水平下，富集到差异表达大于2倍的82个上调基因和48个下调基因。

82 个与跨膜运输相关的上调基因经统计分类后分为了 9 个大类（图 4–4），分别是氨基酸蛋白质、水通道、ATP、金属离子、磷酸盐、硝酸盐、硫酸盐、糖类、其他。其中，金属离子运输相关基因比例最大，占 30%。其次为 ATP、水通道、氨基酸蛋白质等。

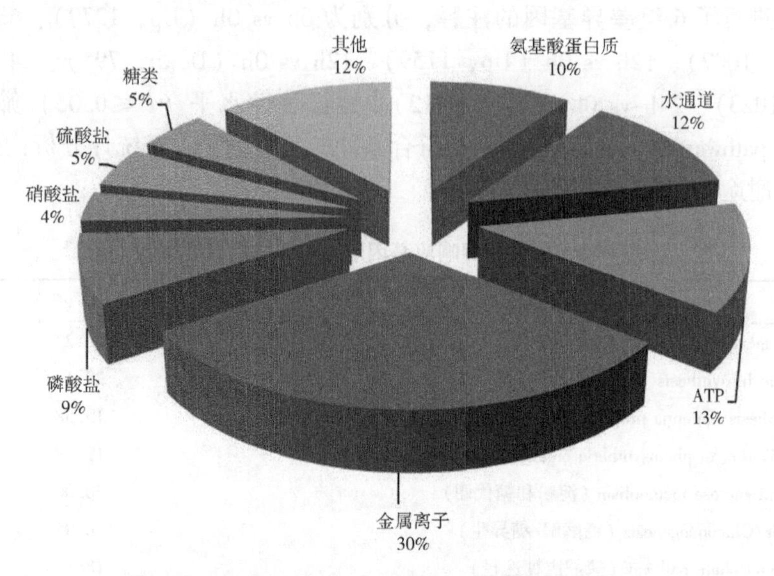

图 4–4　烟草低钾响应上调表达的跨膜运输基因类别

48 个与跨膜运输相关的下调基因，分为 10 个大类（图 4–5）。与上调基因稍有差别，下调基因中出现了阴离子和氢离子运输相关基因的下调表达；水通道下调表达量减少，糖类下调表达增加。其中，金属离子运输相关基因比例还是最大，占 25%，其次为 ATP、氨基酸蛋白质等。金属离子运输基因主要包含了钙、钾、铁、锰、铵离子、铜、锌、钠。氨基酸蛋白质运输相关基因，包含了脯氨酸、组氨酸等各类必需氨基酸，其他类中包含了核苷酸、苹果酸、分泌物、drug 等物质。

低钾胁迫引起了物质跨膜运输相关基因的差异表达，由此表明，对于钾的一种元素的外部胁迫，就改变了其他物质运输相关基因的表达趋势。钾营养与调控其他物质跨膜运输的基因同样存在着息息相关的联系，钾营养的缺失可以引起其他物质的运输方式与运输效率的改变。结合图 4–4 和图 4–5 信息表明，低钾胁迫下烟草幼苗为了平衡渗透势，改变了部分其他金属离子基因、盐类运输基因和水通道基因的表达趋势。糖类运输和 ATP 运输活性的改变，可能为其

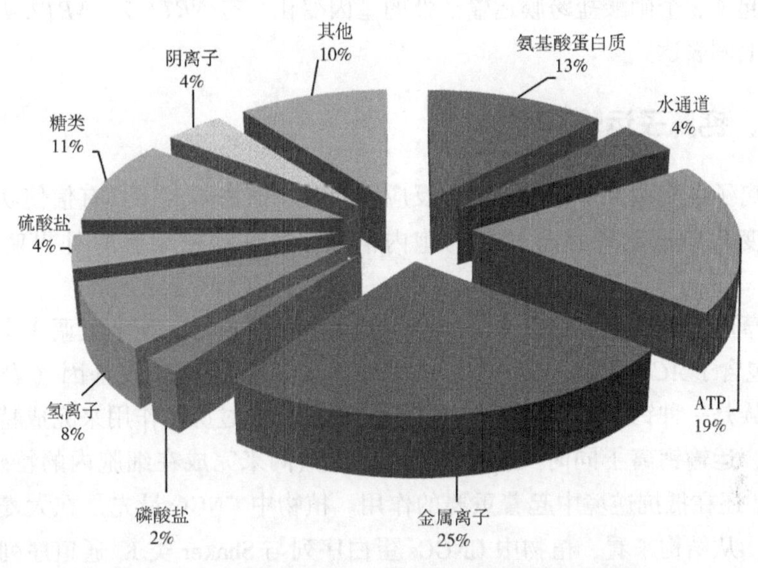

图 4-5　烟草低钾响应下调表达的跨膜运输基因类别

他生理活动提供了能量保障。此外，由于脯氨酸往往在逆境胁迫中扮演着重要角色，它除了作为植物胞质内渗透调节物质外，还在降低细胞酸性、稳定大分子结构、解除毒素以及作为能源库平衡细胞氧化还原势方面起至关重要的作用。因此，脯氨酸运输活性的改变，对于烟草适应低钾胁迫较为重要。

二、氮运输基因

铵是植物氮的主要来源，氮在植物生命活动中起重要作用，被称为生命元素。低钾响应基因中包括 3 个铵离子跨膜运输相关基因（*AMT1*；*1*、*AMT1*；2、*VHA-E3*），且全部上调（表 4-3）。据研究，*AMT* 家族是一种铵转运蛋白基因，它不仅具有铵转运功能，还具有 NH_4^+ 传感器的作用，响应铵离子吸收。在烟草中，铵的吸收同样促进了生长，但烟草不是一种只求产量的作物，往往其品质受到了最人程度的关注。因此，在产量一定的基础上，品质是很重要的。烟草产量超过特定范围时，与烟叶品质直接成反比，烟叶氮素过多时，烟叶香气和吃味变差，辛辣味刺激味变大；氮素缺乏时，烟草的生长发育受到影响，烟叶变薄，吃味平淡，烟气浓度不够。因此，氮素跨膜运输活性基因的调控是非常重要的。

硝酸盐在烟草氮代谢中处于核心地位，是氮代谢的直接氮源，低钾胁迫同样也引起了3个硝酸盐跨膜运输活性的基因变化，有*NRT1.7*、*NRT2.4*、*WR3*，且全部上调表达。

三、钙离子运输基因

钙离子催化调控多种生理生化反应，同时在植物体内还具有信使功能，通过浓度变化能把胞外信号转变为胞内信号，最终调控细胞对外界刺激作出反应。

烟草的低钾响应基因包括9个钙跨膜运输活性基因，其中上调3个，下调6个，包含了*ACA*家族、*CAX*家族、*CNGC*家族和*ECA*家族基因（表4-3）。*ECA*家族是一种钙泵基因，与*ACA*家族钙泵基因通过协同作用来完成特定的生理功能，运输钙离子同时又能够运输M_n^{2+}，共同来完成在细胞内的特殊功能，另*ECA1*还在抵抗逆境中起着重要的作用。植物中CNGC最先是在大麦中得到鉴定的，从结构来看，植物中CNGCs蛋白序列与Shaker类K^+通道序列有高度的相似性，它是一种控制与环核苷酸和钙调素结合的基因。烟草中钙与其物理特性息息相关，钙含量高，填充力好，是烟草灰分中的主要成分。

四、钾离子运输基因

钾在细胞中可作为60多种酶的活化剂，能促进蛋白质与糖类的合成，也是构成细胞渗透势的重要成分，低钾胁迫后引起了钾离子运输活性相关基因的表达，我们找到5个钾跨膜运输活性基因，3个上调，2个下调，分别是*KUP3*、*KUP6*、*KUP11*、*AtCHX13*、*SKOR*（表4-3）。*KUP*家族主要介导了植物根部细胞对K^+的高亲和吸收，但也可能介导K^+的低亲和吸收。烟草是喜钾作物，钾素对其品质的形成尤为重要，钾主要参与糖类合成，使烟叶色泽明亮，烟气协调，并作为各种酶的离子活化剂，参与各种次生代谢物的合成，促进香气物质的积累。

表4-3　金属离子运输相关基因

	符号	*P*值	变化倍数	注释
	AMT1; 1	0.013	4.26	ammonium transporter 1; 1
铵	*AMT1; 2*	0.030	3.02	ammonium transporter 1; 2
	VHA-E3	0.004	2.06	V-type proton ATPase subunit E3

（续表）

	符号	P 值	变化倍数	注释
钙	*ACA2*	0. 025	-2. 02	Ca^{2+}-transporting ATPase
	ACA8	0. 043	-3. 75	calcium-transporting ATPase 8
	ACA9	0. 032	2. 53	Ca^{2+}-transporting ATPase
	CAX11	0. 016	-2. 08	cation exchanger 11
	CAX3	0. 019	-2. 48	vacuolar cation/proton exchanger 3
	CNGC1	0. 000	-2. 58	cyclic nucleotide-gated ion channel 1
	CNGC17	0. 007	2. 17	cyclic nucleotide gated channel
	ECA1	0. 010	2. 51	Ca^{2+}-transporting ATPase
	ECA2	0. 002	-2. 31	Ca^{2+}-transporting ATPase
钾	*KUP3*	0. 004	3. 82	Potassium transporter 4
	KUP11	0. 026	-2. 34	Potassium transporter 11
	KUP6	0. 015	-2. 18	Potassium transporter 6
	AtCHX13	0. 013	3. 08	cation/H (+) symporter 13
	SKOR	0. 034	2. 01	Potassium channel SKOR
磷	*PHO1*	0. 002	3. 43	phosphate transporter PHO1
	PHT1; 8	0. 013	2. 59	putative inorganic phosphate transporter 1-8
	PHT1; 9	0. 010	2. 81	putative inorganic phosphate transporter 1-9
	PHT4; 5	0. 007	2. 83	putative anion transporter 6
	PPT2	0. 034	2. 37	phosphoenolpyruvate (pep) /phosphate translocator 2
	PHT1; 7	0. 045	-26. 71	putative inorganic phosphate transporter 1-7
硫	*SULTR1; 3*	0. 000	4. 41	sulfate transporter 1. 3
	SULTR2; 1	0. 001	6. 91	sulfate transporter 2. 1
	SULTR3; 4	0. 005	3. 19	putative sulfate transporter 3. 4
	SULTR4; 2	0. 002	2. 11	putative sulfate transporter 4. 2
镁	*MGT2*	0. 000	2. 43	magnesium transporter MRS2-1
	MGT3	0. 004	2. 20	magnesium transporter MRS2-5
锰	*NRAMP3*	0. 024	4. 23	metal transporter Nramp3
	NRAMP1	0. 017	2. 11	metal transporter Nramp1
	NRAMP2	0. 004	2. 20	metal transporter Nramp2
	NRAMP4	0. 003	2. 36	metal transporter Nramp4
	NRAMP6	0. 005	3. 06	metal transporter Nramp6
钠	*NHX4*	0. 001	2. 60	sodium/hydrogen exchanger 3

（续表）

	符号	P 值	变化倍数	注释
铁	*IRT3*	0.004	3.46	Fe（2+）transport protein 3
	VIT1	0.003	2.29	vacuolar iron transporter 1
铜	*COPT5*	0.003	−2.06	copper transporter 5
	ATPQ	0.014	3.24	ATP synthase subunit d
锌	*ZIP11*	0.008	3.01	zinc transporter 11
	ZIP5	0.013	3.85	zinc transporter 5
	ZTP29	0.005	2.36	ZIP metal ion transporter
	ZIP4	0.000	−2.05	zinc transporter 4 precursor
氯	*CLC-C*	0.036	−2.63	chloride channel protein CLC-c

KUP3、*KUP6*、*KUP11* 均属于钾转运体（Transporter）。一般来说，转运体基因发挥作用的外界钾浓度均低于 1mmol/L。从表达的趋势来看，低钾处理后 6h、12h 及 24h，这 3 个基因的表达均为上调，而且表达量增加较多。可以推测，在低钾胁迫初期的响应中，这 3 个基因的表达可能起重要的作用，促进了烟草在低钾环境下对钾离子的吸收。

五、磷运输基因

磷是核酸、核蛋白、膜系统不可或缺的元素，参与蛋白质合成、细胞分裂和生长，是多种辅酶的组成成分，与光合作用、呼吸作用密切相关。烟叶中适量的磷能使烟叶的色泽和吸收品质得到改善，使其获得优良的外观与内在品质。烟草低钾响应基因中，有 8 个磷跨膜运输活性相关基因，其中上调 7 个，下调 1 个，主要有 *PHT* 家族、*PHO1*、*PPT2*、*APE2* 和 *CUE1*（表 4-3）。*PHT* 家族是一种高亲和性磷酸盐转运体基因，而 *PHT1* 又是一种 $H_2PO_4^-/H^+$ 共转运体。此结果说明，低钾胁迫同样引起了磷转运基因的表达，可能促进了磷元素的吸收。

六、硫与镁运输基因

尽管烟草中硫是一种不利于品质形成的元素，具有阻燃性，其阻燃能力仅次于氯元素，影响烟叶燃烧性，不利于香吃味形成。但是，硫对于植物的生长发育仍然至关重要。硫进入植物细胞后部分以硫酸盐形式存在，部分被还原成含S氨基酸，如半胱氨酸和蛋氨酸，同时参与辅酶A、生物素、硫胺素等维生素的合成。低钾响应基因中，包括了*SULTR*家族的4个硫跨膜转运活性基因，均为上调表达（表4-3）。*SULTR*家族又分为4个亚族*SULTR1*、*SULTR2*、*SULTR3*和*SULTR4*，该4个亚族分别负责植物中不同组织和胞内硫酸盐的转运，协同完成植物硫酸盐的运输活动。

镁是叶绿素的重要组成部分，又是一些酶的活化剂，参与光合作用和呼吸作用多个环节酶的活化，同时也是核酸和蛋白质代谢中不可或缺的元素。有2个镁离子转运基因*MGT2*和*MGT3*参与了烟草的低钾响应过程，均处于上调表达（表4-3）。镁对烟叶燃烧性有重要影响，其含量较高时烟叶燃烧性差，烟灰暗淡，燃烧不均匀。

七、微量元素运输基因

锰是植物中光合放氧复合体的重要组成部分，也是许多酶的活化剂，与光合作用和呼吸作用同样密切相关。在烟草的低钾响应中，有5个锰跨膜运输活性基因参与，且均属于*NRAMP*家族，全部上调表达（表4-3）。

锌与生长素合成有重要联系，是生长素合成前体物质色氨酸的必需元素，缺锌将导致烟草生长受阻。在烟草的低钾响应中，有4个锌跨膜转运*ZIP*基因家族成员参与，其中3个上调，1个下调（表4-3）。

同时，还有1个钠离子跨膜转运基因*NHX4*，上调表达；2个铁离子跨膜转运基因*IRT3*和*VIT1*上调表达；有2个铜离子跨膜转运基因*COPT5*（下调）和*ATPQ*（上调）；1个氯离子跨膜转运基因*CLC-C*（下调），也参与了烟草的低钾响应过程（表4-3）。

八、其他物质运输基因

（一）ATP

ATP是一种储存和传递化学能的高能化合物，是细胞和组织一切生命活动所需能量的直接来源，有“分子货币”之称，缺少ATP，一切代谢活动将不能正常运转。低钾胁迫后引起了ATP跨膜运输活性基因的表达，参与该途经中引起变化较多的基因共计14个，分布于4个家族*ATH*、*MRP*、*PDR*和*WBC*。上调基因主要有*MRP3*、*MRP9*、*PDR4*、*PDR5*、*PDR6*和*WBC19*；下调基因有

ATH2、*ATH7*、*MRP2*、*MRP10*、*MRP14*、*PDR12*、*WBC11* 和 *WBC27*。

烟草低钾胁迫引起了能量代谢相关活性的变化，影响了能量物质 ATP 的跨膜运输，也暗示烟草的低钾响应蕴含了复杂的能量代谢过程。

（二）糖类

糖类物质不仅在植物的生长发育过程中起重要作用，而且在烟草品质形成和能量代谢中起着重要作用。低钾胁迫同样引起了糖类跨膜运输活性相关基因的变化，上调基因有 *STP7*、*GPT2*、*SAG29*、*UNE2*；下调基因包括 *INT1*、*PS3*、*AtVEX1*、*GPT2*、*STP14*。该结果表明，在烟草的低钾胁迫响应中，糖的代谢也是一种基本的响应机制。

由以上结果可以看出，在烟草低钾胁迫响应中，除了钾离子运输基因的表达发生变化以外，还导致了除钾以外的其他离子元素的相关跨膜运输基因的差异表达。这些基因的上调以及下调表达，都是烟草适应低钾环境的生物学过程，以便适应这种低钾逆境环境。深入研究其中的联系，对于了解烟草钾营养的分子机制具有十分重要的意义。

第四节　响应非生物刺激相关基因

一、总体情况

烟草低钾胁迫是一种逆境胁迫，也是一种非生物刺激。在这种胁迫下，植株为了维持正常生理生化反应，就会在分子水平上进行调控，进行相关物质的合成，如逆境蛋白合成、甜菜碱合成、脯氨酸合成、可溶性糖的合成等，来适应当前的缺钾环境。

响应非生物刺激（GO0009628 response to abiotic stimulus）是二级 GO 响应刺激（GO0050896 response to stimulus）下的三级分类。在 *P* 为 0.05 显著水平下，共富集到了差异表达大于 2 倍的基因有 417 个，其中，281 个上调、136 个下调。

这 417 个与响应非生物刺激相关的基因分为 10 个大类（图 4-6、图 4-7），分别是光刺激、温度、荷尔蒙、氧化物、金属离子、糖类、机械损伤、辐射、渗透胁迫和其他。其中，光刺激响应包含红光、蓝光、近红光、远红光、紫外光、缺光、强光、弱光；温度刺激响应包含热、冷、冻害、温度、春化、冰冻；荷尔蒙刺激响应包含生长素、脱落酸、油菜素甾醇、乙烯、赤霉素、茉莉酸、水杨酸、细胞分裂素；氧化物刺激响应包含过氧化氢、氧化、超氧化物、过氧化物、臭氧、活性氧；金属离子刺激响应包含锌、锂、镉、铜、锰、砷、金属离子、镍；糖类刺激响应包含果糖、蔗糖、葡萄糖；机械损伤刺激包含损伤、受伤、外部刺激；辐射刺激响应包含 X 射线、电离辐射、γ 射线；渗透刺激响应包含盐、干燥、缺水；其他刺激响应包含氮、硝酸盐、向地性、环戊烯酮、错配折叠、DNA 损伤、几丁质等。

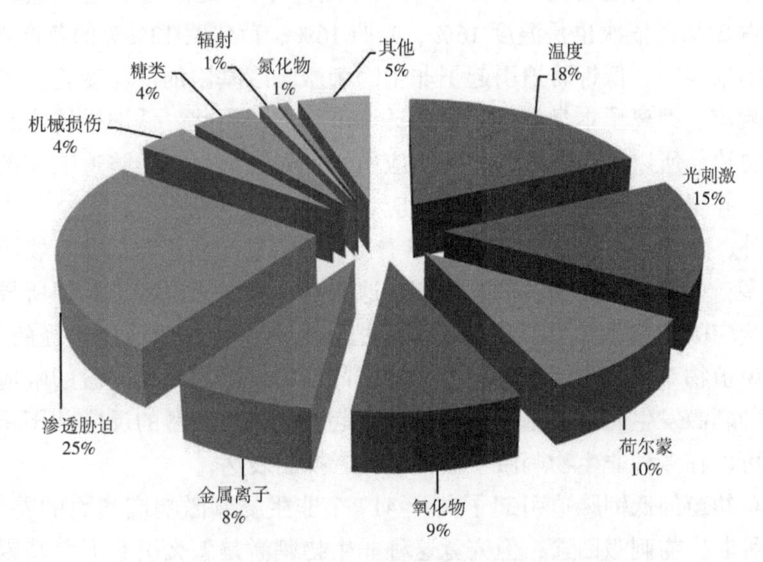

图 4-6　响应非生物刺激过程的上调基因分类

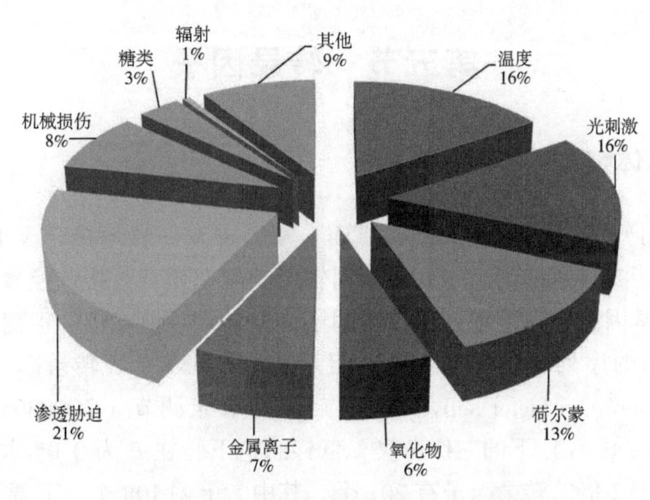

图 4-7　响应非生物刺激过程的下调基因分类

二、上调与下调基因富集的生物过程

响应非生物刺激的上调基因，可以分为 11 个类别。其中，响应渗透胁迫刺激的基因占 25%，比例最高；其次为温度 18%、光照 15%、荷尔蒙 10%等的响应。

同样，下调表达基因可以分为 10 个类别。同样是渗透胁迫响应基因比例最高，占 21%；依次也是温度 16%、光照 16%、荷尔蒙 13%等的刺激响应。

此结果表明，低钾胁迫引起了非生物刺激响应基因的广泛变化，尤其是渗透胁迫响应。钾离子本身就是一种渗透调节物质，因此，低钾逆境本身就是一种渗透胁迫。所以，在烟草的低钾响应中，首先是参与渗透胁迫响应的基因开始动作，并引发了下游基因的持续响应。

另外，从图 4-6 及图 4-7 也可以看出，低钾胁迫所引起的非生物胁迫响应种类较多，如温度、光照、荷尔蒙等。这在一定程度上说明了低钾所导致的烟草生理响应的复杂性，另外，也说明了植物的非生物刺激响应途径的相似性。也就是说植物对非生物刺激具有交叉适应的能力，即对一种刺激的响应，通常在另一种刺激发生时，该基因同样可以引起变化，对刺激的反应并不单一，一个基因可以在多种非生物刺激下被促进或者抑制表达。

烟草幼苗的低钾胁迫引起了共计 417 个非生物刺激响应基因的差异表达，涵盖多种非生物刺激因素，但究竟这种非生物刺激是怎么引起下游基因表达和下游物质合成的还需进行深入的研究。

第五节　转录因子

一、总体情况

转录因子（transcription factor，TFs）是一种专一性地结合于 DNA 特定序列上的并且能激活或抑制该序列上基因转录的蛋白质，直接调控着基因的转录表达。植物基因组中包含着许多转录因子，据估计，模式植物拟南芥基因组中大约有 5.9%的序列编码转录因子，且至少有 1 533 个。转录因子活性（GO 0003700 transcription factor activity）是二级 GO 转录调节（GO0030528 transcription regulator activity）下的三级分类，低钾胁迫下，在 *P* 为 0.05 水平下富集到差异表达大于 2 倍的转录因子有 201 个，其中，上调 108 个，下调 93 个。

这些转录因子包括 *MYB* 家族 21 个（上调表达 16 个，下调表达 5 个）；

WRKY 家族 16 个（上调表达 6 个，下调表达 10 个）；*ERF* 家族 8 个（上调表达 3 个，下调表达 5 个）；*bZIP* 家族 3 个（上调表达 2 个，下调表达 1 个）；*NAC* 家族 9 个（上调表达 5 个，下调表达 4 个）（表 4-4）。

表 4-4　转录因子活性相关基因

	符号	*P* 值	变化倍数	注释
MYB	*MYB106*	0. 032	2. 16	myb domain protein 106
	MYB11	0. 010	2. 28	myb domain protein 11
	MYB117	0. 017	-2. 28	myb domain protein 117
	MYB12	0. 004	2. 88	transcription factor MYB12
	AtMYB103	0. 002	-2. 37	myb domain protein 103
	MYB14	0. 005	-2. 24	myb domain protein 14
	MYB15	0. 028	3. 63	myb domain protein 15
	MYB19	0. 003	3. 55	myb domain protein 19
	MYB26	0. 010	4. 87	myb domain protein 26
	MYB305	0. 019	2. 70	myb domain protein 305
	RVE1	0. 003	5. 43	myb family transcription factor
	MYB36	0. 000	4. 01	myb domain protein 36
	MYB43	0. 003	2. 10	myb domain protein 43
	MYB47	0. 020	5. 12	myb domain protein 47
	MYB5	0. 021	-3. 79	transcription repressor MYB5
	MYB56	0. 001	3. 10	myb domain protein 56
	MYB6	0. 013	-2. 14	transcription repressor MYB6
	MYB61	0. 001	2. 17	myb proto-oncogene protein
	MYB82	0. 016	2. 41	transcription factor MYB82
	MYB9	0. 017	2. 84	myb domain protein 9
	MYB93	0. 002	3. 62	myb domain protein 93
WRKY	*WRKY11*	0. 043	-2. 87	putative WRKY transcription factor
	WRKY18	0. 017	-3. 64	WRKY transcription factor 18
	WRKY20	0. 000	2. 00	putative WRKY transcription factor
	WRKY22	0. 045	-3. 65	WRKY transcription factor 22
	WRKY26	0. 014	3. 00	WRKY DNA-binding protein 26
	WRKY3	0. 043	2. 30	WRKY DNA-binding protein 3
	TTR1	0. 014	2. 29	putative WRKY transcription factor 16
	WRKY31	0. 046	-4. 49	WRKY DNA-binding protein 31
	WRKY32	0. 003	-2. 41	WRKY DNA-binding protein 32
	WRKY33	0. 044	-5. 64	putative WRKY transcription factor
	WRKY40	0. 029	-9. 59	putative WRKY transcription factor
	WRKY41	0. 011	2. 24	putative WRKY transcription factor
	WRKY47	0. 022	2. 15	putative WRKY transcription factor
	WRKY53	0. 017	-4. 24	putative WRKY transcription factor
	WRKY57	0. 012	-3. 02	putative WRKY transcription factor
	WRKY67	0. 026	-2. 85	putative WRKY transcription factor

（续表）

	符号	P 值	变化倍数	注释
ERF	*ERF-1*	0.028	-6.31	ethylene-responsive transcription factor 1A
	ERF104	0.007	-5.53	ethylene-responsive transcription factor ERF104
	ERF110	0.005	2.78	ethylene-responsive transcription factor ERF110
	ERF13	0.003	4.67	ethylene-responsive transcription factor 13
	ERF3	0.003	2.12	ethylene-responsive transcription factor 3
	ERF4	0.037	-6.56	ethylene-responsive transcription factor 4
	ERF5	0.001	-4.19	ethylene-responsive transcription factor 5
	ERF9	0.030	-6.21	ethylene-responsive transcription factor 9
bZIP	*bZIP48*	0.004	3.09	basic leucine-zipper 48
	bZIP53	0.035	-5.96	basic region/leucine zipper motif 53 protein
	bZIP9	0.012	2.18	basic leucine zipper 9
NAC	*NAC007*	0.031	2.08	NAC domain-containing protein 7
	NAC035	0.003	-2.20	NAC domain containing protein 35
	NAC058	0.000	3.81	NAC domain containing protein 58
	NAC073	0.013	2.35	NAC domain containing protein 73
	NAC075	0.001	2.65	NAC domain containing protein 75
	NAC080	0.009	2.37	NAC domain containing protein 80
	NAC088	0.007	-2.17	NAC domain containing protein 88
	NAC100	0.017	-2.71	NAC domain containing protein 100
	NAC105	0.002	-18.48	NAC domain containing protein 105

二、MYB 转录因子

MYB 转录因子家族是因含有 MYB 结构域而得名。该结构域是一段包含 51~52 个高度保守的氨基酸序列肽段。MYB 家族具有广泛的生物学功能，几乎涉及植物生长发育和代谢的各个方面，主要参与植物发育和代谢调节；参与植物荷尔蒙的应答调控和外界环境胁迫的抵抗与病原菌的侵害；参与植物苯丙烷类代谢途径的调节；参与黄酮类代谢途径；维持染色体结构；参与控制细胞的形态发生和次生代谢的调节；调节细胞周期；控制细胞的分化等。在低钾胁迫下，有大量的烟草 *MYB* 转录因子发生了差异表达，与对照相比，MYB 家族转录因子 *RVE1* 变化最大，上调表达 5.43 倍；而 *MYB5* 则下调表达 3.79 倍。

三、WRKY 转录因子

WRKY 转录因子家族因其在 N-端含有由高度保守的 WRKYGQK 组成的氨基酸序列而得名。其功能主要参与植物的逆境防御反应、代谢、衰老信号和生长发育等过程，在植物生长发育和对外界环境的反应中起着桥梁的作用。

1994 年从甘薯中克隆到的 *WRKY* 转录因子基因 *SPF1*，是植物中首先被发现的 *WRKY* 转录因子。在烟草低钾胁迫下，有 16 个 *WRKY* 转录因子发生了差异表达。其中，6 个上调表达，10 个下调表达。与对照相比，最大差异表达倍数为 *WRKY40*，下调表达了 9.59 倍，是一个值得关注的基因。另外，下调表达的基因数量远高于上调表达的基因数量，是否意味着烟草 *WRKY* 转录因子参与的调控是以负调控为主？尚需要进一步的验证。

四、ERF 转录因子

ERF 是植物中的一类重要的转录因子，能够调控植物防卫反应，调节植物的生长发育和抵抗外界胁迫（如干旱、盐、冻害、病害），响应荷尔蒙刺激与机械损伤，特别是在植物的防卫反应中起着重要作用。在低钾胁迫下，与对照相比，烟草有 8 个 *ERF* 转录因子的表达发生了显著改变，其中，上调表达 3 个，下调表达 5 个。最大差异表达倍数为 *ERF4*，下调 6.56 倍；上调表达最大的为 *ERF13*，达到了 4.67 倍。与 *WRKY* 类似，*ERF* 类的转录因子在低钾胁迫下的表达大多被抑制，其机制有待于做进一步深入的研究。

五、bZIP 转录因子

bZIP 转录因子又被称为碱性亮氨酸拉链，在植物中广泛存在，是近年来研究较多的转录因子，在植物的抗病、抗寒、抗旱和耐盐等逆境的调控中起重要作用，同时还参与光信号传导、胁迫应答和 ABA 刺激响应等。

相对于其他的转录因子而言，烟草的 *bZIP* 转录因子，在低钾胁迫后发生差异表达的数量不多，只有 3 个，其中，有 2 个属于上调表达，1 个属于下调表达。其中，*bZIP53* 下调表达 5.96 倍；*bZIP48* 上调表达 3.09 倍。

六、NAC 转录因子

据研究，*NAC* 转录因子仅存在于植物中，涉及多个生长发育和胁迫应答过程的转录调控，如种子萌发、细胞分裂、次生壁的合成、分生组织的形成、衰老等和多种植物的逆境防御反应。

低钾胁迫下，烟草有 9 个 *NAC* 转录因子的表达发生了显著的变化，其中，5 个上调表达，4 个下调表达。其中，*NAC105* 差异表达倍数最高，为下调 18.48 倍；*NAC058* 上调表达 3.81 倍。

从进化角度看，植物在长期的与外界逆境环境的互相作用过程中获得了一系列的防御反应机制，且在功能基因的表达调控中起关键作用。以上各类转录因子在植物中处于重要的调控地位，各转录因子并不是单一进行调控，往往是交叉协同的相互作用来对下游基因的表达起调控作用，最终实现对靶基因的精密调控。烟草低钾胁迫引起的形态与生理上的变化都是因分子水平上的差异表达造成的，而基因的转录表达是由低钾信号触发的转录因子决定的，因此，整个转录水平上所发生的变化与转录因子密切相关。研究低钾胁迫后转录因子的差异表达，有利于了解烟草逆境胁迫对其他功能基因的调控，利于了解烟草逆境胁迫下的分子调理机制，为烟草遗传育种工作提供基础理论支持。

第六节 氮代谢过程相关基因

氮素具有生命元素之称，氮代谢是植物体内的基础代谢过程，也是植物产量构成的主要影响因素。因此，研究低钾胁迫对烟草氮素代谢的影响，既具有理论意义，又具有实际的应用价值。

一、总体概况

在低钾胁迫下，富集到了 GO 分类中编号为 GO：0006807 nitrogen compound metabolic process 差异表达大于 2 倍的相关基因，共 152 个。其中，上调表达基因 88 个，下调表达基因 64 个。这些基因主要为以下 2 种。

1. 氨基酸代谢的相关基因

氨基酸的合成和分解过程，包含半胱氨酸、甘氨酸、色氨酸、芳香族氨基酸、蛋氨酸、谷氨酸、苏氨酸、苯丙氨酸、酪氨酸、谷氨酸、精氨酸的代谢过程（表 4-5）。

2. 含氮化合物代谢的相关基因

含氮化合物的代谢，主要包括亚精胺、腐胺、聚胺、精胺、乙醇胺的代谢等。

表 4-5　氮代谢途径中的重要基因

符号	*P* 值	变化倍数	注释
ASN1	0.003	−21.90	asparagine synthetase [glutamine-hydrolyzing]
AT4G37560	0.004	−2.01	acetamidase/formamidase family protein
AtGSR1	0.010	2.58	glutamine synthetase 1; 1
GAD	0.019	7.99	glutamate decarboxylase 1
GDH1	0.013	−2.67	glutamate dehydrogenase 1
GDH2	0.002	2.05	glutamate dehydrogenase 2
GLN1.3	0.008	−2.59	glutamine synthetase cytosolic isozyme 1-3
GLT1	0.017	−2.31	glutamate synthase 1 [NADH]
GSR	0.010	2.58	glutamine synthetase cytosolic isozyme 1-1
NIA2	0.000	−3.92	nitrate reductase [NADH] 2
PAL2	0.014	2.92	phenylalanine ammonia-lyase 2

二、氮素的同化过程

对于氮素初级同化过程来说，最关键和最重要的过程却是硝酸还原酶（NR）和亚硝酸还原酶（NiR）调控的硝酸盐被还原为铵的过程。该过程是一个受到高度调控的过程，属于整个氮代谢同化过程中的限速步骤。初级氮同化的起点从硝酸盐开始，在植物体内 NR 和 NiR 的活性调控下完成。

在低钾胁迫下，*NIA2* 基因表现为下调，表明低钾胁迫处理直接造成了氮代谢过程受阻，代谢效率降低。此外，烟草参与氮代谢过程中的其他相关基因也发生了显著的变化（表 4-5）。例如，谷氨酸脱羧酶基因 *GAD*（上调 7.99 倍）、谷氨酰胺合成酶基因 *GSR*（上调 2.58 倍）、谷氨酰胺合成酶基因 *GLN1.3*（下调 2.59 倍）、谷氨酸脱氢酶基因 *GDH1*（下调 2.67 倍）、谷氨酸合成酶基因 *GLT1*（下调 2.31 倍）、硝酸还原酶基因 *NIA2*（下调 3.92 倍）、谷氨酰胺合成酶基因 *AtGSR1*（上调 2.58 倍）。

4 个调控谷氨酸合成的基因均表现为低钾胁迫后下调，说明 L-谷氨酸合成途径也受到抑制。

综上所述，在低钾胁迫下，烟草硝酸盐到铵的合成和铵到氨基酸的合成过程中各类酶编码基因都处于下调表达。表明氮代谢在低钾胁迫下可能已经受阻，因此，钾的缺失最终可导致烟草生长发育的延迟。同时，也影响依赖于氮代谢的次生代谢物的形成。

第七节　细胞壁结构相关基因

在烟叶生产中，烟叶组织结构和烟叶物理特性联系紧密，直接关系到烟叶燃烧性与填充性，与常规化学成分、平衡含水率、身份、色度、评吸质量等也有相关性。烟叶的组织结构则取决于叶片细胞壁结构。

细胞壁为植物特有，是细胞外围界定细胞大小和形状的具有一定弹性的一层壁，主要由纤维素、半纤维素和果胶类组成的多糖和少量结构蛋白质构成。细胞壁的生长与结构蛋白中伸展蛋白和扩张蛋白息息相关。伸展蛋白的表达量与植物细胞的生长有直接关系，是细胞壁形成必不可少的结构蛋白。同时，伸展蛋白的表达在受精作用、细胞分裂分化、衰老脱落和非生物胁迫反应中也起重要作用。而扩张蛋白是一类细胞壁酶蛋白，其主要功能是能够打断细胞壁多聚物之间的氢键，同时诱导酸依赖的细胞壁延展途径和造成压力的松弛，最终在细胞壁的生长中发挥重要作用。

细胞壁结构组成（GO 0005199 structural constituent of cell wall）是二级 GO 分子结构活性（GO：0005198 structural molecule activity）下的三级分类。在 *P* 为 0. 05 水平下，烟草响应低钾胁迫并且差异表达大于 2 倍的细胞壁结构组成相关基因共 14 个，其中，上调 6 个，下调 8 个。这 14 个基因涉及细胞壁中伸展蛋白和扩张蛋白的编码，主要是富羟脯氨酸伸展蛋白和富亮氨酸伸展蛋白类，（表 4-6）。其中，有 12 种与伸展蛋白相关的基因，分别为 *AT1G23720*、*AT1G26240*、*AT1G26250*、*AT1G49490*、*AT3G22800*、*AT3G24480*、*AT3G54580*、*AT4G08400*、*AT4G13340*、*AT4G33970*、*EXT3*、*LRX1*；有 1 种与扩张蛋白相关的基因，为 *EXPA10*。

据研究，*EXT*、*LRX*、*EXP* 基因不仅在细胞壁结构蛋白结合和细胞壁塑造上起重要作用，同时也是响应非生物胁迫刺激的重要基因。在低钾胁迫中，该类基因的变化，表明低钾胁迫影响了细胞壁结构物质的建成，从而给细胞的生长以及分裂带来某种影响。

表 4-6　细胞壁结构相关基因

符号	*P* 值	变化倍数	注释
AT1G20130	0.027	−3.56	anther-specific proline-rich protein APG
AT1G23720	0.003	2.18	Proline-rich extensin-like family protein
AT1G26240	0.002	−2.21	Proline-richextensin-like family protein
AT1G26250	0.010	−2.11	Proline-rich extensin-like family protein
AT1G49490	0.011	2.08	Pollen-specific leucine-rich repeat extensin-like protein 2
AT3G22800	0.003	4.25	leucine-rich repeat extensin-like protein 6
AT3G24480	0.008	−2.04	leucine-rich repeat extensin-like protein 4
AT3G54580	0.050	−2.07	Proline-rich extensin-like family protein
AT4G08400	0.000	2.51	Proline-rich extensin-like family protein
AT4G13340	0.029	−2.19	leucine-rich repeat extensin-like protein 3
AT4G33970	0.011	−2.17	Pollen-specific leucine-rich repeat extensin-like protein 4
EXPA10	0.017	2.26	expansin A10
EXT3	0.002	2.48	extensin 3
LRX1	0.004	−2.80	leucine-rich repeat extensin-like protein 1

第八节　碳水化合物与糖代谢相关基因

糖类物质是烟草品质形成的基础。烟草中糖类物质种类较多，对其品质影响较大的有水溶性糖、淀粉、纤维素、果胶质等，在烟气酸碱平衡、降低刺激性、香气物质形成、物理特性、吃味等方面具有重要作用。

在低钾胁迫下，烟草共有 66 个涉及糖代谢基因表达产生了显著的变化（大于 2 倍），其中上调 38 个，下调 28 个（表 4-7）。这些基因所涉及的分类为 carbohydrate binding（GO：0030246），涉及的代谢途径有 3 条，即 Starch and sucrose metabolism、Glycolysis / Gluconeogenesis 以及 Pentose phosphate pathway。

表 4-7　糖代谢相关基因

符号	*P* 值	变化倍数	注释
PP2-B1	0.003	−2.02	F-box protein PP2-B1
PP2-B10	0.048	−2.09	F-box protein PP2-B10
BGAL8	0.006	2.06	beta-galactosidase 8
PR4	0.026	3.55	hevein-like protein

（续表）

符号	P值	变化倍数	注释
HCHIB	0.017	3.01	chitinase
BGAL1	0.006	-4.02	beta galactosidase 1
CERK1	0.006	-2.11	chitin elicitor receptor kinase 1
PP2-A15	0.001	-2.04	F-box protein PP2-A15
PP2-A13	0.015	-3.62	F-box protein PP2-A13
B120	0.000	-2.38	S-locus lectin protein kinase-like protein
BGAL3	0.001	2.05	beta-galactosidase 3
BGAL7	0.039	-13.86	beta-galactosidase 7
PP2-B12	0.010	13.70	putative F-box protein PP2-B12
RLK1	0.002	2.53	receptor-like protein kinase 1
POM1	0.005	2.27	chitinase-like protein 1
PP2-B15	0.001	-5.42	F-box protein PP2-B15
CRB	0.004	2.30	RNA binding protein
PP2-A12	0.001	2.01	F-box protein PP2-A12
SD1-29	0.035	-2.10	protein S-domain-1 29
GH9C2	0.003	-2.12	endoglucanase 6
AT3G07850	0.025	-2.23	galacturan 1，4-alpha-galacturonidase
GAUT13	0.011	-3.26	alpha-1，4-galacturonosyltransferase
UGP	0.050	2.85	putative UTP-glucose-1-phosphate uridylyltransferase 2
GAE6	0.003	2.24	UDP-D-glucuronate 4-epimerase 6
AT3G29320	0.003	-2.51	glycosyl transferase，family 35 protein
PHS2	0.000	2.36	alpha-glucan phosphorylase isozyme H
AT3G47000	0.002	2.61	beta-glucosidase
AT3G47050	0.000	2.20	beta-glucosidase
AtSPS4F	0.001	2.28	sucrose-phosphate synthase
CT-BMY	0.004	-17.30	beta-amylase 3
AMY1	0.008	2.27	alpha-amylase
HKL3	0.009	3.26	hexokinase
AtGH9B18	0.028	2.46	endoglucanase 24
AT5G17200	0.032	3.89	polygalacturonase
AT5G19730	0.041	-2.08	pectinesterase
SUS1	0.002	-3.58	sucrose synthase 1
ADG1	0.032	2.92	glucose-1-phosphate adenylyltransferase small subunit

（续表）

符号	*P* 值	变化倍数	注释
AtTPS7	0. 011	−5. 24	putative alpha, alpha − trehalose − phosphate synthase [UDP-forming] 7
AtBETAFRUCT4	0. 024	2. 07	beta-fructofuranosidase
AT1G23190	0. 002	−4. 08	putative phosphoglucomutase
AtSPS3F	0. 041	2. 62	sucrose-phosphate synthase
AtTPS1	0. 010	2. 26	alpha, alpha-trehalose-phosphate synthase [UDP-forming] 1
AT2G21330	0. 040	−2. 02	fructose-bisphosphate aldolase, class I
ALDH11A3	0. 001	2. 99	NADP-dependent glyceraldehyde-3- phosphate dehydrogenase
AT2G36580	0. 004	2. 46	pyruvate kinase-like protein
GAPC1	0. 001	2. 33	glyceraldehyde-3-phosphate dehydrogenase, cytosolic
PKP-ALPHA	0. 006	2. 35	Pyruvate kinase family protein
AT3G47800	0. 003	2. 49	aldose 1-epimerase
ALDH2B4	0. 005	2. 40	aldehyde dehydrogenase 2B4
AT3G49160	0. 026	2. 28	pyruvate kinase
AT3G52990	0. 021	−2. 08	pyruvate kinase
AT4G22110	0. 041	−6. 69	alcohol dehydrogenase-like 5
PFK3	0. 000	−2. 51	6-phosphofructokinase 3
ALDH3I1	0. 000	2. 17	aldehyde dehydrogenase 3I1
AT5G56350	0. 002	2. 13	pyruvate kinase
GAPCP-2	0. 013	3. 14	glyceraldehyde 3-phosphate dehydrogenase
ALDH2B7	0. 001	2. 92	aldehyde dehydrogenase 2B7
AT1G32780	0. 008	−2. 93	alcohol dehydrogenase-like 3
At-E1ALPHA	0. 027	2. 47	pyruvate dehydrogenase complex E1 alpha subunit
AT3G60750	0. 010	−3. 50	Transketolase
AT4G38970	0. 001	−2. 59	fructose-bisphosphate aldolase, class I
G6PD1	0. 025	−2. 18	glucose-6-phosphate dehydrogenase 1
G6PD6	0. 007	2. 68	glucose-6-phosphate dehydrogenase 6
PFK2	0. 008	2. 35	6-phosphofructokinase 2
PGM	0. 000	−4. 15	phosphoglucomutase
AT1G13700	0. 005	2. 49	6-phosphogluconolactonase 1

一、淀粉与糖代谢

在淀粉与糖代谢途径中，淀粉（starch）可分解为麦芽糖和葡萄糖，经α淀粉酶（EC3.2.1.1，编码基因 *AtSPS4F*）生成α-D葡萄糖，经β淀粉酶（EC3.2.1.2，编码基因 *CT-BMY*）作用又可生成麦芽糖。淀粉在磷酸化酶（EC2.4.1.1，编码基因 *PHS2*）作用下最终分解为1-磷酸葡萄糖（α-D-Glucose-1P）。磷酸葡萄糖是淀粉与糖类转换的直接产物，处于中间节点处，在单糖与多糖或淀粉的转换中占用重要位置。1-磷酸葡萄糖在GDP-葡萄糖焦磷酸化酶催化下，最终可形成纤维素（cellulose），纤维素经β葡糖苷酶（EC3.2.1.21，*AT3G47050*）和1，4-β葡聚糖酶（EC3.2.1.4，*AtGH9B18*）共同作用，在β-D葡萄糖之间进行互相转换。1-磷酸葡萄糖在UDP焦磷酸化酶（EC2.7.7.9，*UGP*）作用下形成UDP-葡萄糖，再经蔗糖磷酸合酶（EC2.4.1.14，*AtSPS3F*）或蔗糖磷酸酶（EC2.4.1.13，*SUS1*）催化便可参与蔗糖的合成途径。同时，UDP-葡萄糖和1-磷酸葡萄糖在其他酶类作用下又可回到淀粉的合成途径。在β-呋喃果糖苷酶（EC3.2.1.26，*AtBETAFRUCT4*）的调控催化下，蔗糖完成了向β-D果糖的转换，经已糖激酶（EC2.7.1.1，*HKL3*）催化形成6-磷酸果糖。另外，1-磷酸葡萄糖在葡萄糖磷酸变位酶（EC5.4.2.2，*PGM*，*AT1G23190*）催化下也可形成α-D-6磷酸葡萄糖。6-磷酸果糖和6-磷酸葡萄糖便可在糖酵解和糖异生途径中互相转换，进入能量代谢途径。UDP-葡萄糖也可通过α，-α海藻糖磷酸合酶（EC2.4.1.15，*AtTPS1*）和海藻糖磷酸酶（EC3.1.3.12，*AtTPS7*）调控海藻糖的合成。海藻糖在其他酶类作用下又可回到葡萄糖的生成途径。

低钾胁迫下，氨基糖和核苷酸糖与果胶质的转化代谢中有部分基因发生了表达变化，分别是果胶酯酶 *GAUT13*（EC2.4.1.43）、*AT5G19730*（EC3.1.1.11）、*AT5G17200*（EC3.2.1.15）、*AT3G07850*（EC3.2.1.67）、*GAE6*（EC5.1.3.6）。

AtSPS4F 上调和 *CT-BMY* 下调，表明将促进EC3.2.1.1的合成，促进淀粉水解为葡萄糖的途径，而在水解为麦芽糖的过程中可能受到抑制；*PHS2*、*AT3G47050*、*AtGH9B18* 均处于上调表达，表明从淀粉到葡萄糖的分解途径中的酶类合成比较活跃，葡萄糖的合成可能用于能量的释放，以便参与抵御低钾逆境所进行的其他代谢；蔗糖合成酶基因 *AtSPS3F* 上调，可能与渗透调节有关；*AtBETAFRUCT4* 和 *HKL3* 基因的上调更加表明了上述淀粉到葡萄糖分解途径的功能，这两个基因控制的酶类已经参与到糖酵解途径中。

淀粉与糖代谢途径，充分展示了淀粉、葡萄糖、果糖、蔗糖、麦芽糖、海藻糖、果胶质相互合成与转化的关系，控制各糖类物质之间转化的基因差异表达，表明在低钾胁迫下烟草植株糖类物质代谢较为活跃。总体来说，表现为多糖向单糖分解过程中酶类控制基因上调表达，这将有利于烟草中能量代谢的进行。

二、糖酵解途径

糖酵解（EMP 途径）是生物界有机体获得化学能的最原始途径，将葡萄糖降解为丙酮酸并生成少量的 ATP。在该过程中，1-磷酸葡萄糖在葡萄糖磷酸变位酶（EC5. 4. 2. 2，*PGM*，*AT1G23190*）和已糖激酶（EC2. 7. 1. 1，*HKL3*）催化下形成 α-D-6 磷酸葡萄糖。在低钾胁迫下，控制该过程的两个基因 *PGM*、*AT1G23190* 均下调 4 倍以上，表明该过程在低钾胁迫下受阻。

6-磷酸葡萄糖在磷酸葡萄糖异构酶（EC5. 3. 1. 9）的可逆作用下形成 6-磷酸果糖，然后在磷酸果糖激酶（EC2. 7. 1. 11，*PFK2*）的作用下形成果糖-1，6-二磷酸。磷酸果糖激酶调控的过程是个不可逆的过程，是整个 EMP 途径的限速酶。该过程中的 *PFK2* 基因上调 2. 35 倍，表明 EMP 途径关键酶合成活跃，可能促进葡萄糖的分解。所生成的果糖-1，6-二磷酸经果糖-二磷酸醛缩酶（EC4. 1. 2. 13，*AT4G38970*）作用生成 3-磷酸甘油醛；然后，在磷酸甘油醛脱氢酶（EC1. 2. 1. 12，*GAPC1*）和 NADP 依赖的磷酸甘油醛脱氢酶（EC 1. 2. 1. 9，*ALDH11A3*）的共同作用下可逆催化形成 3-磷酸甘油酸，并经变位酶和烯醇化酶生成磷酸烯醇式丙酮酸（PEP），最终在丙酮酸激酶（EC 2. 7. 1. 40，*AT5G56350*）不可逆调控下生成了糖酵解终产物丙酮酸。在烟草遭受低钾胁迫时，糖酵解过程中处于限速步骤和不可逆过程中的调控酶类均处于上调表达，说明糖酵解相关酶类合成活跃，可能促进 EMP 的进行。

丙酮酸在无氧条件下在丙酮酸脱氢酶（EC1. 2. 4. 1，*At-E1_ALPHA*）和乙醇脱氢酶（EC1. 1. 1. 1，*AT4G22110*）作用下生成乙醇。此过程中的 *AT4G22110* 基因严重下调（6. 69 倍），表明低钾胁迫下无氧途径相关基因虽有所变化，但很可能已经受到阻碍。当在有氧条件下时，经丙酮酸脱氢酶和醛脱氢酶（EC1. 2. 1. 3，*ALDH3I1*）共同介导的中间途径生成乙酰辅酶 A，最终进入三羧酸循环（TCA）彻底氧化生成更多能量。低钾胁迫时，此步反应中两基因均上调，表明低钾胁迫可能促进了丙酮酸进入有氧呼吸阶段，以生成更多能量参与其他响应低钾胁迫的生物过程。

三、PPP 途径

虽然生物体内主要的糖分解过程都来自糖酵解途径，但其并不是唯一的途径，磷酸戊糖途径（PPP）也参与糖类的分解过程。该过程除了生成能量外，与 EMP 途径不同的是该途径中间产物是许多化合物的底物，如核苷酸合成、莽草酸合成、芳香族氨基酸合成、生长素合成等，因此，PPP 也是植物中非常重要的糖分解代谢途径。

在 PPP 途径中，6-磷酸葡萄糖在 6-磷酸葡萄糖脱氢酶（EC1.1.1.49，*G6PD6*）和磷酸葡萄糖酸内酯酶（EC3.1.1.31，*AT1G13700*）共同催化下形成 6-磷酸葡萄糖酸，该过程中脱氢酶是 PPP 途径中活性最低的酶，因此此步反应属于 PPP 途径中的限速步骤。这两个编码基因在低钾胁迫下均表达上调，表明低钾胁迫引发了烟草 PPP 途径限速酶合成的促进作用。

6-磷酸葡萄糖酸经 6-磷酸葡萄糖酸脱氢酶（EC1.1.1.44）合成核酸的前体物质 5-磷酸核酮糖（RuBp），经异构酶作用后生成 5-磷酸木酮糖。然后，和 5-磷酸核糖在转酮醇酶（EC2.2.1.1，*AT3G60750*）作用下生成 7-磷酸景天庚酮糖。但在低钾胁迫下，该基因下调表达，使 PPP 途径在循环中的中间过程受阻。但是从另一方面讲，低钾胁迫引起了烟草在 PPP 途径中合成了其他物质的前体物，例如促进了核苷酸前体物的合成。因此，PPP 途径的动员在烟草响应低钾胁迫方面也具有重要作用。

第九节　信号传导相关基因

植物在其整个生长过程中，是如何来感受外界刺激，面对各种内外因素的影响，是怎么来正确辨别各种信息，并且作出相应的反应，最终保障植物的正常生长发育和分化的呢？这就需要植物体内的一整套对信号进行传递传导的途径来完成。信号传导过程就是把各种信号通过细胞膜进入细胞，通过多级放大信号，逐步引起细胞的生理变化的过程。该过程是一个多酶体系的级联反应过程，各条信号通路之间通过胞间信号和胞内信号逐级传递和相互作用在体内组建成一高度有序的信号调控网络，使生物体能对各种外界刺激因素作出反应，最终调整整个生长发育过程。

目前，在植物中已经发现有几十种信号传递相关分子。低钾胁迫也是一种外界逆境刺激，同样能引发烟草植株内各信号途径调控基因的表达。当低钾胁迫来临时，一共有 67 个与信号传导相关的基因表达发生了显著的变化，其中，上调基因 35 个，下调基因 32 个。这些基因隶属于两大 GO 功能，即 GO：0043167 ion binding 和 GO：0042445 hormone metabolic。

一般来说，植物体内信号分子多达几十种，但荷尔蒙信号及钙信号是较为重要的植物信号。一般认为，植物荷尔蒙是主要的胞间化学信号传递物质。在受到外界逆境刺激的情况下，植物体内将迅速合成荷尔蒙物质，作为胞间信号传递的媒介，使胞外信号传递至细胞膜，经过膜信号 G 蛋白受体结合转换信号后才能传递至胞内，而钙则是胞内信号传导分子。

一、激素信号

低钾胁迫引发的激素信号传递上调基因中，Ga 为 51%，IAA 为 31%，ETH 为 6%，CTK 为 3%，JA 为 6%，BR 为 3%（图 4-8）；下调基因中，Ga 为 41%，IAA 为 22%，ETH 为 15%，CTK 为 16%，SA 为 6%（图 4-9）。上下调基因的表现不尽相同。

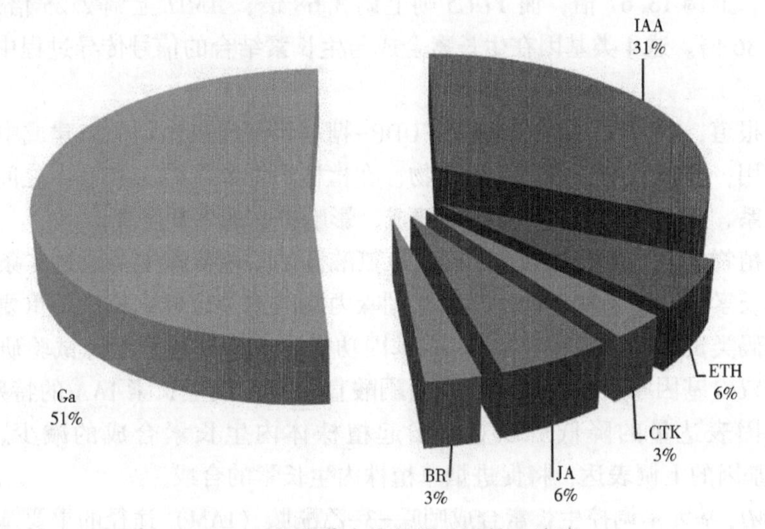

图 4-8　荷尔蒙合成相关上调基因统计

（一）生长素（IAA）

烟草在低钾胁迫下，与生长素代谢调控相关的 19 个基因的表达发生了显著的改变，其中，上调 12 个，下调 7 个（表 4-8）。*UGT74E2* 基因是变化倍数

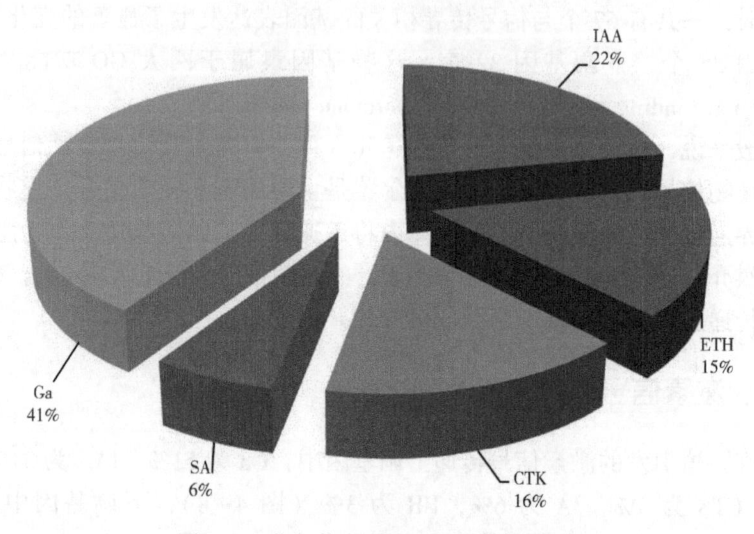

图 4-9　荷尔蒙合成相关下调基因统计

最大的，上调 13.67 倍，而 *YUC5* 则上调 3.68 倍，*AMI1* 上调 2.25 倍，*CCD8* 上调 3.36 倍。这 4 类基因在生长素合成与生长素结合的信号传导过程中占有重要作用。

据报道，*UGT74E2* 基因编码的 UDP-糖基转移酶在植物形态建成中有重要调节作用，该酶以生长素 IBA 为底物，在植株中调节着 IAA 和 IBA 之间的体内平衡关系，从而调整地上部形态的建成，影响植株的生长发育。

在植物体内，生长素的合成经由色氨酸开始。色氨酸主要通过 4 条途径来合成生长素。其中，*YUC* 基因是经由吲哚丙酮酸途径合成生长素的重要调控基因，编码类黄素单加氧酶（FMO）。基因功能分析和同位素示踪试验研究结果表明，*YUC* 基因家族具有催化吲哚丙酮酸直接转变成生长素 IAA 的特殊功能，*YUC* 基因表达量的降低可以直接引起植株体内生长素合成的减少。因此，*YUC5* 基因的上调表达，将促进烟草植株内生长素的合成。

AMI1 基因是调控生长素合成吲哚-3-乙酰胺（IAM）途径的重要基因，该途径首先被认为在假单胞菌和根癌农杆菌中所特有，但近年来，吲哚-3-乙酰胺在拟南芥、水稻、烟草等植物中陆续被检测到，最终确定了植物中也存在该生长素合成途径。*AMI1* 基因编码生长素合成途径中的吲哚-3-乙酰胺水解酶，该酶可以水解吲哚-3-乙酰胺生成 IAA 产物。

CCD8 基因的表达受 IAA 的调节，该基因的功能表现在 IAA 的顶端优势

中，*CCD8* 是通过抑制腋芽分生组织的形成，以致达到对侧枝生长的抑制，使植物主茎生长受到促进作用。

在低钾胁迫下，烟草生长素相关基因的表达发生改变，意味着植株体内生长素水平发生变化，从而影响烟株在低钾胁迫下的生长。

（二）乙烯（ETH）

乙烯也是重要的胞外信号传导物质，在外界逆境胁迫的信号传导过程中担任重要角色。低温、干旱、机械损伤、氧化物、渗透胁迫等外界非生物胁迫均可诱导植株体内大量乙烯的产生。

烟草在低钾胁迫下，7 个乙烯代谢相关基因的表达发生了明显改变，其中，上调 2 个，下调 5 个（表 4-8）。其中，*SAM1* 上调 2.01 倍，*ERF104* 下调 5.53 倍，*RRTF1* 反应最为敏感，为下调 368.74 倍。

这 3 类基因在乙烯响应非生物刺激信号传导途径中起重要作用。*SAM1* 基因是乙烯合成途径中比较重要的基因，编码 S-腺苷甲硫氨酸合成酶（SAMS）的合成。在植物中，SAMS 是一个关键酶，在乙烯合成的蛋氨酸循环中起着重要作用，该酶可以催化 ATP 与甲硫氨酸生成 S-腺苷甲硫氨酸（SAM）。SAM 是植物体中乙烯生物合成的前体物质，并且该物质的合成受 ETH 的强烈诱导。SAM 在 ACC 合成酶作用下即可生成 ACC，而 ACC 是乙烯合成的直接前体物质。

ERF104 是 *AP2/ERF* 基因家族的一员，*ERF* 是 AP2/ERF 亚族的一类乙烯响应转录因子，是一个较大的转录因子家族，ERF 家族转录因子在抵抗非生物胁迫的抗性中起着特别重要的作用。该类转录因子在应激响应中既包含有激活活性因子，也有抑制活性因子。通常 ERF 转录因子参与多种逆境信号交叉途径的互相转换，是一种连接因子。而据研究，*RRTF1* 基因属于一种乙烯响应转录因子，也参与各种胁迫信号的交叉途径，该基因可能与 *DOS1*（Drought overly sensitive 1）互相协作来起作用。

（三）细胞分裂素（CTK）

尽管细胞分裂素也在植物体生长发育过程中具有重要调节作用，但目前从分子水平阐述 CTK 的作用机理和信号传导途径的知识还比较缺乏，研究探讨与细胞分裂素信号途径相关的基因具有重要意义。

IPT3 基因是 *IPT* 家族的重要一员，该基因具有提高抗逆性、抑制植株衰老、增加产量的功能。*IPT* 基因编码异戊烯基转移酶的形成，该转移酶是细胞分裂素（CTKs）生物合成过程中的第一个限速酶，在异戊烯基焦磷酸（iPP）与单磷

酸腺苷（AMP）的分解中起催化作用，并生成作为细胞分裂素前体的异戊烯基单磷酸腺苷（iAMP）。在低钾环境中，烟草的6个细胞分裂素信号途径相关基因的表达发生改变，其中仅有*IPT3*基因上调2.16倍，其他均下调（表4-8）。

（四）水杨酸（SA）

水杨酸是植物体内广泛存在的一类物质，是一种内源信号分子，在植物响应非生物胁迫中发挥重要作用。有两个参与水杨酸合成的基因在低钾胁迫下发生了下调表达，即基因*BAP2*和*BON1*（表4-8）。

（五）茉莉酸（JA）

茉莉酸在吲哚族芥子油苷的生物合成过程中具有强烈的诱导作用，并调控其生物合成，该物质在外源刺激中起防御作用。在烟草响应低钾胁迫过程中，吲哚族芥子油苷合成基因*CYP83B1*上调5倍表达（表4-8）。

（六）油菜素内酯（BR）

油菜素内酯是一种类固醇物质，可参与光形态建成、提高逆境抵抗力、细胞生长发育、气孔开闭等过程。参与该途径的基因*YUC8*，在烟草低钾胁迫发生时上调2.3倍表达（表4-8）。据研究，该基因同时还参与生长素的合成途径。

表4-8　信号传导相关基因

	符号	*P*值	变化倍数	注释
IAA代谢	*AGO1*	0.014	−2.07	protein argonaute
	AMI1	0	2.25	amidase 1
	APS1	0.003	3.56	ATP sulfurylase 1
	CCD8	0.035	3.36	carotenoid cleavage dioxygenase 8
	CHL-CPN10	0.011	2.92	chloroplast chaperonin 10
	CYP702A1	0.011	−2.01	cytochrome P450, family 702, subfamily A, polypeptide 1
	CYSC1	0.016	−3.02	cysteine synthase C1
	DFL1	0.001	2.75	indole-3-acetic acid-amido synthetase GH3.6
	GAE6	0.003	2.24	UDP-D-glucuronate 4-epimerase 6
	HCT	0.048	2.94	hydroxycinnamoyl-CoA shikimate /quinate hydroxycinnamoyl transferase
	MES17	0	−2.01	methyl esterase 17
	SNX1	0.011	−2.45	sorting nexin 1
	SOT18	0.002	−11.4	sulfotransferase 18
	TRP1	0.007	−4.85	anthranilate phosphoribosyltransferase
	UGT74E2	0	13.67	Uridine diphosphate glycosyltransferase 74E2

（续表）

	符号	P值	变化倍数	注释
IAA 代谢	*YUC5*	0.01	3.68	YUCCA family monooxygenase
	emb2170	0.041	2.28	embryo defective 2170
	SAM1	0.035	2.01	S-adenosylmethionine synthetase 1
SA 代谢	*TET8*	0.028	-6.45	tetraspanin8
	RRTF1	0.028	-368.74	ethylene-responsive transcription factor
	LCB2	0.018	-2.84	serine palmitoyltransferase
	CCR4	0.047	-20.4	serine/threonine-protein kinase-like protein CCR4
	ERF104	0.007	-5.53	ethylene-responsive transcription factor ERF104
	AGL21	0.008	-2.46	agamous-like MADS-box protein AGL21
	PR5K	0.005	-5.74	PR5-like receptor kinase
JA 代谢	*SOFL2*	0.001	-2.17	SOB five-like 2 protein
	SOT17	0	-2.19	sulfotransferase 17
	RGLG1	0.02	-4.42	E3 ubiquitin-protein ligase RGLG1
	IPT3	0.048	2.16	adenylate isopentenyltransferase 3
	BAP2	0.031	-15.99	BON1-associated protein 2
	BON1	0.033	-8.71	calcium - dependent phospholipid - binding copine - like protein
BR 代谢	*CYP83B1*	0.034	5	cytochrome P450 83B1
	PARVUS	0.003	2.72	putative galacturonosyl transferase-like 1
钙结合	*YUC8*	0.044	2.3	flavin-containing monooxygenase-like protein
	ACA9	0.032	2.53	Ca^{2+}-transporting ATPase
	AMY1	0.008	2.27	alpha-amylase
	ANNAT1	0.020	2.39	annexin D1
	ANNAT4	0.013	3.15	annexin D4
	ANNAT7	0.001	2.13	annexin D7
	ANNAT8	0.044	2.20	annexin D8
	BT4	0.025	9.54	BTB and TAZ domain protein 4
	CAM5	0.005	-13.08	calmodulin 5
	CAM9	0.010	-2.07	calmodulin-like protein 9
	CBL7	0.005	-2.67	calcineurin B-like protein 7
	CML37	0.041	-26.28	calcium-binding proteincmL37
	CNX1	0.004	2.88	calnexin 1
	CPK1	0.015	-2.33	calcium dependent protein kinase 1
	CPK15	0.013	-2.68	calcium-dependent protein kinase 15
	CPK18	0.014	6.53	calcium-dependent protein kinase 18
	CPK20	0.005	-7.56	calcium-dependent protein kinase 20
	CPK23	0.002	-5.09	calcium-dependent protein kinase 23
	CPK7	0.001	-4.06	calmodulin-domain protein kinase 7

（续表）

	符号	P 值	变化倍数	注释
钙结合	*CRT1b*	0.001	2.09	calreticulin-2
	CRT3	0.011	-2.10	calreticulin-3
	EHD1	0.009	2.12	EPS15 homology domain 1 protein
	emb1579	0.001	2.13	ATP/GTP-binding protein-like protein
	MNS3	0.006	2.36	mannosyl-oligosaccharide 1，2-alpha-mannosidase MNS3
	PLC5	0.039	-6.11	phosphoinositide phospholipase C 5
	PLDALPHA1	0.021	2.90	phospholipase D alpha 1
	SOS3	0.018	2.08	calcineurin B-like protein 4
	TCH2	0.020	-3.45	calcium-binding proteincmL24
	VSR3	0.001	3.43	vacuolar-sorting receptor 3

激素介导的胞外信号传导途径，参与了植物众多的生理过程的调节。在低钾胁迫下，烟草众多参与激素合成的基因的表达发生改变，也就暗示着低钾胁迫会导致烟草很多生理进程发生变化。

二、钙信号

钙离子是植物体内一种非常重要的胞内信号传导物质，Ca^{2+}在信号传导中结合钙调蛋白和调控钙依赖型蛋白激酶，行使其作为第二信使的功能。到目前为止，在植物体中，共发现了 CaM（钙调素）、CPK（钙依赖蛋白激酶）、CBL（钙调神经磷酸酶 B 类似蛋白）3 类钙信号传导的结合蛋白，但大多数钙离子介导的胞内信号途径都是通过参与钙调素结合来完成。

低钾胁迫下，烟草有 31 个与钙信号传导相关的基因的表达发生显著变化，其中，上调 18 个，下调 13 个。包含了 *ACA*、*ANNAT*、*CAM*、*CBL*、*CPK* 和 *CRT* 等家族的基因。

ACA9 基因是 *ACA* 基因家族一员，上调 2.53 倍。该家族基因在花粉管的伸长和雌雄配制识别中起作用，它们是一类编码 Ca^{2+}泵的基因家族，具有钙离子转运的功能。

ANNAT 基因家族是一类编码钙磷结合膜联蛋白的保守多基因家族，参与渗透胁迫、ABA、光等介导的信号途径。该类膜联蛋白是一类钙离子效应蛋白，在钙离子依赖下结合到细胞质膜上参与钙离子信号传导途径，主要在非生物胁迫和微丝骨架调控中起作用。在低钾胁迫下，*ANNAT1*（上调 2.39 倍）、*ANNAT4*（上调 3.15 倍）、*ANNAT7*（上调 2.13 倍）、*ANNAT8*（上调 2.20 倍）

等4个*ANNAT*家族成员的表达产生明显改变。

*CAM*基因是一类编码钙调蛋白的基因。钙调蛋白又称钙调素，是一类钙结合依赖的蛋白质，是植物体中最重要的信号传导途径。当胞内Ca^{2+}浓度增加时，钙调蛋白与Ca^{2+}结合发生构象改变而活化，同时与下游各类靶酶结合并使其激活，调控下游生理生化反应。Ca^{2+}-CaM特别是在以光敏色素为受体的光信号传导途径中起重要作用，也参与机械刺激、温度、光照、激素、水分胁迫等的信号传递过程。烟草低钾胁迫后，*CAM5*基因下调表达13.08倍，*CAM9*基因下调表达2.07倍。

*CBL*基因也是一类编码Ca^{2+}结合蛋白的基因。*CBL*是含有四个很保守EF-hand结构域的一类小蛋白家族，通过与CIPK（丝氨酸/苏氨酸蛋白激酶）相互作用而构成了一套植物钙信号传递网络。与Ca^{2+}-CaM信号系统有相似之处，在盐胁迫、低钾、干旱等逆境信号传导中起着重要作用。但与Ca^{2+}-CaM不同的是，Ca^{2+}-CaM可以调节下游多种靶蛋白质来行使功能，但CBL却只能通过CIPK来行使功能。烟草的*CBL7*在低钾胁迫下下调2.67倍表达。

在植物体中还存在多种钙离子结合蛋白的相似蛋白，而*CML37*编码的CMLs就是一类钙调蛋白类似蛋白，该蛋白至少包含有2个EF-hand结构域。*CML37*在低钾胁迫后下调26.28倍表达。

*CPK*多基因家族编码的蛋白质是一种钙依赖型蛋白激酶，也在植物的钙信号传导过程中具有重要作用，参与植物的生物和非生物胁迫过程。该激酶结构上相对保守，含有N端可变区、ATP结合区、自我抑制区、类钙调蛋白结合区。通过N端可变区识别不同底物来参与不同生理过程。在低钾胁迫下，有6个*CPK*家族基因的表达发生显著改变，分别为*CPK1*（下调2.33倍）、*CPK7*（下调4.06倍）、*CPK15*（下调2.68倍）、*CPK18*（上调6.53倍）、*CPK20*（下调7.56倍）、*CPK23*（下调5.09倍）。

钙网蛋白（CRT）具有高度保守的一级结构，*CRT1b*（上调2.09倍）和*CRT3*（下调2.1倍）是编码该蛋白基因家族的2个基因，行使着调节细胞内钙离子稳态、参与植物生长发育、协助蛋白质正确折叠和调节植物抗逆胁迫等功能。CRT蛋白的研究在动物生物学中较为深入，而在植物中却鲜有报道。

第十节　呼吸爆发相关基因

呼吸爆发（respiratory burst）是指组织重新获得氧供应的短时间内或在生

长环境突然改变后，呼吸作用显著增强，细胞耗氧量显著增加，产生大量氧自由基的过程，且是组织内自由基产生的重要途径之一。

呼吸往往伴随着能量代谢。在逆境胁迫中，植物体内通过分子水平和生理水平代谢的加强来抵抗外界干扰，常需要伴随大量的能量消耗。因逆境产生的激素物质，如乙烯的合成也是呼吸加强造成的。正常条件下，呼吸电子传递链中并非全部电子都传递到细胞色素 C 氧化酶处，这种遗漏电子的现象叫电子漏。据研究，乙烯提高了电子漏效率并产生了较多氧自由基，从而提高了线粒体的呼吸作用，影响了呼吸效率，产生呼吸爆发。在各种生物和非生物逆境胁迫下，经信号传导引发了大量乙烯的生物合成，因此在逆境中便会引起呼吸爆发的形成。低钾胁迫是否也能够引发烟草的呼吸爆发呢?

呼吸爆发（GO：0045730 respiratory burst）是二级 GO 代谢过程（GO：0008152 metabolic process）下的三级分类。低钾胁迫下，有 18 个与呼吸爆发相关基因的表达发生了显著的改变，其中有上调 5 个，下调 13 个（$P < 0.05$，差异表达大于 2 倍；表 4-9）。包括呼吸相关转录因子 *ERF-1*、*ERF13*、*ERF4*、*ERF5*、*WRKY11*、*WRKY22*、*WRKY33*、*WRKY40*、*RRTF1*、*MYB15*；激酶活性基因 *B120*、*CERK1*；其他蛋白基因 *CAD1*、*CZF1*、*FH8*、*PUB23*、*STZ*、*SYP121*。

与呼吸爆发相关的 10 个转录因子均是本章第五节所讨论的重要转录因子，这 10 个转录因子有可能参与了低钾胁迫下烟草呼吸爆发行为。同时，*RRTF*1 还参与了乙烯响应逆境的信号传导过程，表达量下调 368. 74 倍，差异表达倍数极高，暗示该基因对乙烯响应的呼吸爆发有特别的意义。乙烯响应转录因子基因 *ERF-1*、*ERF13*、*ERF4*、*ERF5* 也位列呼吸爆发相关基因，说明乙烯在呼吸爆发过程中可能是主要的调控因子。植物的呼吸跃变和内源乙烯的产生几乎是同步进行的。乙烯在对线粒体呼吸作用的影响过程中，呼吸爆发引起的氧自由基可能起着重要的作用，调节氧自由基的水平干预植物呼吸作用在农业生产中具有重要意义。

表 4-9　呼吸爆发相关基因

符号	*P* 值	变化倍数	注释
B120	0. 000	−2. 38	S-locus lectin protein kinase-like protein
CAD1	0. 012	−2. 06	MAC/Perforin domain-containing protein
CERK1	0. 006	−2. 11	chitin elicitor receptor kinase 1
CZF1	0. 032	−7. 04	zinc finger CCCH domain-containing protein 29
ERF-1	0. 030	6. 78	ethylene-responsive transcription factor 1A

（续表）

符号	P值	变化倍数	注释
ERF13	0.003	4.67	ethylene-responsive transcription factor 13
ERF4	0.037	−6.56	ethylene-responsive transcription factor 4
ERF5	0.001	−4.19	ethylene-responsive transcription factor 5
FH8	0.018	2.04	formin-like protein 8
MYB15	0.028	3.63	myb domain protein 15
PUB23	0.021	3.01	E3 ubiquitin-protein ligase PUB23
RRTF1	0.028	−368.74	ethylene-responsive transcription factor ERF109
STZ	0.041	−4.46	zinc finger protein STZ/ZAT10
SYP121	0.048	−9.44	syntaxin-121
WRKY11	0.043	−2.87	putative WRKY transcription factor 11
WRKY22	0.045	−3.65	WRKY transcription factor 22
WRKY33	0.044	−5.64	putative WRKY transcription factor 33
WRKY40	0.029	−9.59	putative WRKY transcription factor 40

第十一节 衰老相关基因

衰老是植物生命活动中必然经历的过程。植物的衰老是一个受内外因素共同影响的生物过程，该过程由基因协调控制。目前，对于植物的衰老研究已经比较深入，但从分子水平鉴定衰老相关基因和利用衰老相关基因延缓植物衰老的研究还尚缺乏。植物的衰老是一个高度受自身基因控制的主动过程，并按照特定程序深入进行，因此被认为是器官和组织的编程性凋亡，即细胞程序性死亡（Programmed cell death，PCD）。逆境胁迫引起的烟草早衰，是生产上一直关注的问题，烟草早衰不利于其品质和风味的形成，因此研究逆境胁迫中烟草响应衰老相关基因是非常有意义的。

衰老（GO：0007568 aging）是二级 GO 发育过程（GO：0032502 developmental process）下的三级分类。低钾胁迫导致烟草的25个衰老相关基因的表达发生了显著变化（$P<0.05$，差异表达大于2倍），其中，上调16个，下调9个（表4-10）。包含自噬基因 *ATG2*、*CPR5*，谷氨酰胺合成酶基因 *GSR*，转录因子 *NAP*，衰老标志基因 *SAGs* 等。

细胞自噬过程是胞内物质的一种降解途径，降解后的各分子组分在植物体内又得到循环利用。据报道，拟南芥中已经发现有30多个自噬基因 *ATG* 的存在。该基因是一类自我吞噬相关基因，参与植物免疫、物质循环利用、生长发育、盐胁迫等生物过程，但其主要功能是参与植物的衰老过程，在植物的自然衰老过程中起着一定作用，主要参与叶片衰老中叶绿体和 Rubisco 酶的降解过程。烟草低钾胁迫也引发了 *ATG2* 基因的表达上调 2.07 倍，表明低钾胁迫引发了烟苗的衰老过程。

CPR5 基因是一个衰老调节基因，也是参与抗病性、细胞壁形成、细胞衰老、细胞死亡过程的多效性基因。有研究表明，在植物早期生长中，该基因抑制植株的衰老过程，但在植物生长后期，该基因加速植物的衰老过程。*CPR5* 是通过调节体内氧化还原平衡来控制衰老，但具体调控机理尚未明确。在本研究中，衰老调控基因 *CPR5* 上调 2.47 倍，说明低钾胁迫促进了烟草的衰老代谢。

GSR 是谷氨酰胺合成酶编码基因，该酶在植物叶片衰老过程中参与氮代谢和氮源的转移运输，同时也具有蛋白质水解功能，与植株衰老组织中氮的残留量有明显的负相关。本研究中 *GSR* 基因上调 2.58 倍，表明低钾胁迫有可能促进了蛋白质的水解。

NAP 是植物叶片中的一类调控衰老的转录因子。研究发现，*NAP* 在调控植物衰老过程中表现趋势与衰老标志基因 *SGA* 一致，该基因仅在衰老叶片中表达，并且表达量与衰老程度呈正相关。本研究中 *NAP* 基因上调表达 2.3 倍，表明在缺乏钾营养的逆境生长条件下，烟草在分子水平上进入衰老进程。

SAGs（Senescence Associated Genes）是一类衰老特异标记基因，其上调表达标志着植物进入衰老阶段。该基因仅在衰老阶段被激活，进入衰老阶段后表达量急剧上升，通常被作为植物进入衰老在分子水平上的标志。本研究中找到了 2 个 *SAGs* 基因，分别是 *SAG20*（上调 2.34 倍）和 *SAG29*（上调 6.17 倍），表达差异倍数较高，表明低钾胁迫处理促使烟草进入衰老阶段。

低钾胁迫下，烟草与衰老调控相关的基因大多处于上调表达，标志着低钾胁迫处理引发了烟草幼苗的衰老进程。研究低钾胁迫下烟草衰老相关基因，有利于在育种工作中利用遗传手段延缓由逆境胁迫引发的早衰过程，对烟叶产量及品质的形成具有重要意义。

表 4-10　衰老相关基因

符号	*P* 值	变化倍数	注释
ATG2	0.002	2.07	protein autophagy 2
CFIM-25	0.016	2.03	CFIM-25-like protein

（续表）

符号	*P* 值	变化倍数	注释
CPR5	0.005	2.47	protein CPR-5
ECH2	0.008	3.42	enoyl-CoA hydratase 2
EIN2	0.001	-3.80	ethylene-insensitive protein 2
GSL05	0.000	-2.33	callose synthase 12
GSR	0.010	2.58	glutamine synthetase cytosolic isozyme 1-1
NAP	0.028	2.30	NAC domain-containing protein 29
PYD4	0.008	2.99	PYRIMIDINE 4
RCA	0.031	2.61	ribulose bisphosphate carboxylase/oxygenase activase
RPN10	0.037	2.34	26S proteasome non-ATPase regulatory subunit 4
SAG20	0.032	2.34	senescence associated protein 20
SAG29	0.039	6.17	senescence-associated protein 29
SEN1	0.009	-4.36	senescence-associated protein DIN1
SRG1	0.039	2.24	protein SRG1
TET12	0.040	2.45	tetraspanin12
TET3	0.018	2.15	tetraspanin3
TET4	0.000	-3.96	tetraspanin4
TET8	0.028	-6.45	tetraspanin8
TGA1	0.004	2.10	transcription factor TGA1
WNK4	0.010	-2.48	putative serine/threonine-protein kinase WNK4
WRKY22	0.045	-3.65	WRKY transcription factor 22
WRKY53	0.017	-4.24	putative WRKY transcription factor 53
XTH24	0.024	-8.03	xyloglucan：xyloglucosyl transferase
YLS7	0.012	2.02	hypothetical protein

第十二节　光合色素合成相关基因

生物合成过程（GO：0009058 Biosynthetic process）是一个物质从简单到复杂多样化并消耗能量的一个过程，为生物生长发育、细胞分化、物质储存提供物质基础和能源供应，是生物体内必不可少的过程。钾素在植物生物合成过程中起着重要作用，不仅维持生物合成内环境的平衡，同时也是多种合成途径中酶的激活剂，因此低钾胁迫后，必然导致生物合成途径不能正常进行。

光合色素是光合作用反应中吸收光能的物质，主要有叶绿素、胡萝卜素、叶黄素和藻胆素。光合色素是在光照条件下，使光子能量与存在于基态的光合色素分子结合形成激发态，经过一系列的光能传递后，引发了光化学反应，最终使光能转化为化学能。该过程是地球上绝大部分生物能源的基础，因此光合色素的合成是非常重要的。

烟草低钾胁迫刺激引起了光合色素合成相关基因的变化（表4-11），有27个与光合色素合成相关的基因的表达量变化达到2倍以上（$P < 0.05$）。这些基因涉及叶绿素和类胡萝卜素的合成，其中有17个基因上调表达，包含*AtPRX*、*BETA - OHASE*、*BETA - OHASE2*、*CGA1*、*CPN60B*、*CRB*、*CRD1*、*CSP41A*、*FAD5*、*GLDP1*、*HS1*、*LYC*、*PSY*、*SIG2*、*ABA2*、*AT5G17230*和*CYP707A4*；有10个基因下调表达，包含*ATH1*、*CIP7*、*emb2726*、*G4*、*HCF136*、*HEMC*、*NDF1*、PORB、ZKT和*CYP707A1*。其中*CRD1*、*PORB*和*HEMC*是叶绿素合成途径中主要酶类的编码基因，*PSY*、*BETA-OHASE*和*LYC*基因在类胡萝卜素生物合成中处于关键位置，控制该生化合成途径中的限速步骤，*ABA2*、*AT5G17230*、*CYP707A4*、*CYP707A1*也参与类胡萝卜素的生物合成。

一、叶绿素生物合成相关基因

叶绿素分为叶绿素a和叶绿素b，一般植物叶片中两者分别占75%和25%左右。叶绿素占光合色素总量的75%左右，是光合作用中吸收光能最多的光合色素，在绿色植物能量固定中占有重要地位。叶绿素生物合成途径较为复杂，需经过15种反应，涉及15种酶类的催化反应。

高等植物中，谷氨酸或α-酮戊二酸转化合成δ-氨基酮戊酸，然后经脱水缩合形成胆色素原，胆色素原缩合后经一系列生化反应最终和镁离子结合形成Mg-原卟啉Ⅸ，再经还原为原叶绿酸酯（原脱植基叶绿素a），原叶绿酸酯在NADPH还原和光催化下生成叶绿素a。叶绿素b则由叶绿素a氧化而成。在该合成途径中，胆色素原脱氨酶催化缩合尿卟啉原Ⅲ的形成，是叶绿素中卟啉结构的来源，该酶是由基因*HEMC*编码。该基因在本低钾处理中处于下调表达状态（下调2.03倍），说明该反应关键酶合成受阻。

叶绿素结构中必须结合镁离子才能正常吸收光能，而*CRD1*基因编码的Mg-原卟啉Ⅸ单甲级酯环化酶既是镁离子结合反应的酶类，也是Mg-原卟啉Ⅸ还原为原叶绿酸酯的关键酶，*CRD1*基因在低钾胁迫下上调表达2.35倍（表4-11）。

最后一步叶绿素a的形成是原叶绿酸酯在原叶绿酸酯氧化还原酶的催化下完成的，而编码该酶的基因则为*PORB*基因，该基因在低钾胁迫下下调6.91倍表达（表4-11）。由此表明，叶绿素合成途径中相关基因主要为下调表达，影响了叶绿素的生物合成。

表 4-11　光合色素合成相关基因

符号	*P* 值	变化倍数	注释
ATH1	0.006	-2.05	homeobox protein ATH1
AtPRX	0.033	2.40	peroxiredoxin Q
BETA-OHASE	0.002	2.59	beta-carotene hydroxylase
BETA-OHASE2	0.008	2.20	beta-carotene hydroxylase 2
CGA1	0.045	2.04	putative GATA transcription factor 22
CIP7	0.009	-2.04	COP1-interacting protein 7
CPN60B	0.000	4.77	RuBisCO large subunit-binding protein subunit beta
CRB	0.004	2.30	RNA binding protein
CRD1	0.016	2.35	magnesium - protoporphyrin IX monomethyl ester [oxidative] cyclase
CSP41A	0.000	2.53	chloroplast stem-loop binding protein-41
emb2726	0.000	-5.03	elongation factor Ts family protein
FAD5	0.046	5.83	palmitoyl-monogalactosyldiacylglycerol delta-7 desaturase
G4	0.020	-2.02	chlorophyll synthase
GLDP1	0.008	5.78	glycine dehydrogenase [decarboxylating] 2
HCF136	0.006	-2.11	photosystem Ⅱ stability/assembly factor HCF136
HEMC	0.010	-2.03	Porphobilinogen deaminase
HS1	0.002	2.57	putative protein Pop3
LYC	0.035	2.32	lycopene beta cyclase
NDF1	0.019	-2.12	NDH-dependent cyclic electron flow 1
PORB	0.024	-6.91	protochlorophyllide reductase B
PSY	0.008	3.31	phytoene synthase
SIG2	0.012	2.44	RNApolymerase sigma subunit 2
ZKT	0.004	-2.32	ZKT protein containing PDZ, K-box and a TPR region
CYP707A1	0.010	-9.74	CYP707A1;（+）- abscisic acid 8′- hydroxylase/ oxygen binding
ABA2	0.005	2.02	Xanthoxin dehydrogenase
AT5G17230	0.008	3.31	phytoene synthase（PSY）/ geranylgeranyl -diphosphate geranylgeranyl transferase
CYP707A4	0.034	4.04	abscisic acid 8′-hydroxylase 4

二、类胡萝卜素生物合成相关基因

类胡萝卜素又分为胡萝卜素和叶黄素，主要吸收400~500nm的蓝紫光区，是一类萜类化合物，由类异戊二烯聚合而成，其生物合成的前体物质是含有5个碳的异戊二烯焦磷酸（IPP，Isoprene pyrophosphate）。在本研究中，生物合成途径中IPP合成相关基因也占有一定比例，为类胡萝卜素合成提供原料物质。IPP在IPP异构酶（IPPI）和牻牛儿基牻牛儿基焦磷酸合酶（GGPS）作用下合成牻牛儿基牻牛儿基焦磷酸（GGPP）。而类胡萝卜素生物合成的第一步则是由八氢番茄红素合酶（编码基因*PSY*、*AT5G17230*）催化两个GGPP分子聚合形成八氢番茄红素（phytoene）的过程。

番茄红素是植物体内一种类胡萝卜素，据报道，*PSY*编码的EC2.5.1.32是植物中类胡萝卜素生物合成途径中的一个限速酶。八氢番茄红素经番茄红素β环化酶（CrtL-b，*LYC*）两次环化作用后便可形成7，8-二氢β-胡萝卜素。同时，β-胡萝卜素经β-胡萝卜素羟化酶BCH（CrtR-b，*BETA-OHASE2*）催化反应后生成玉米黄素。玉米黄素是一种叶黄素（lutein），且该酶控制的合成途径是一个限速关键步骤，而合成BCH的关键基因就是*BETA-OHASE*。在该合成途径中，番茄红素经番茄红素β环化酶一次环化后可生成γ-胡萝卜素（γ-carotene），再次环化才能形成β-胡萝卜素。一方面β-胡萝卜素可进入维生素A（retinol）的代谢过程，同时又能在β-胡萝卜素羟化酶（CrtZ，*BETA-OHASE2*）多个环节的作用下生成玉米黄质（zeaxanthin）。而玉米黄质在黄氧素脱氢酶（EC1.1.1.288，ABA2）和脱落酸羟化酶（EC1.14.13.93，CYP707A1/4）的相继催化反应下直接进入ABA的生物合成途径。

本研究低钾胁迫下，*PSY*和*AT5G17230*基因均上调表达3.31倍，调控促进八氢番茄红素的合成，*LYC*基因上调2.32倍，调控促进β-胡萝卜素的合成，*BETA-OHASE*基因上调2.59倍，*BETA- OHASE2*基因上调2.20倍，共同调控叶黄素的生物合成（表4-11）。由此表明，烟草低钾胁迫可能引发了类胡萝卜素合成相关基因的上调表达，促进了类胡萝卜素的生物合成。

第十三节　光合作用相关基因

自然界中绝大多数生物质能源均来自于光合作用，它被称为地球上最重要的化学反应。光合作用是绿色植物通过叶绿体，利用光能把CO_2和H_2O转化为储存着能量的有机物质（主要为淀粉和糖类），并伴随着 O_2 释放的生理生化过程，包含 CO_2 固定的暗反应和光合电子传递的光反应。光合作用也调整着地球上的碳氧循环。

在烟叶实际生产中，光合作用也是非常重要的。由该过程合成的糖类物质直接关系着优质烟叶品质的形成；而且由糖类转化的次生代谢物，参与了烟叶香气物质的合成。所以，糖类的含量也是烟叶常规测定化学指标中的必测指标。钾离子与光合作用中气孔的开闭有直接关系，并可以促进糖类的转化运输过程，还是光合系统多种酶类的活化剂。因此低钾逆境胁迫必然影响烟草光合系统的正常运行。

在低钾处理后，烟草 21 个光合作用相关基因，发生了差异表达（差异表达两倍，$P< 0.05$），包含 10 个上调基因和 11 个下调基因。这 21 个基因隶属于 Carbon fixation in photosynthetic organisms 和 Photosynthesis-antenna proteins 两个 GO 分类，参与光合作用暗反应和光反应的代谢途径，其中，光合碳固定相关基因 15 个，光合作用天线蛋白 6 个（表 4-12）。

表 4-12　光合作用相关基因

符号	*P* 值	变化倍数	注释
CAB1	0.026	−6.04	chlorophyll a-b binding protein 1
LHCA3	0.030	−2.11	light-harvesting complex I chlorophyll a/b binding protein 3
LHCB2.1	0.033	−2.70	photosystem Ⅱ light harvesting complex protein 2.1
LHCB3	0.002	3.21	light-harvesting chlorophyll B-binding protein 3
LHCB4.2	0.002	2.81	chlorophyll a-b binding protein CP29.2
LHCB4.3	0.005	2.08	chlorophyll a-b binding protein CP29.3
AT2G21330	0.040	−2.02	fructose-bisphosphate aldolase, class I
AT2G36580	0.004	2.46	pyruvate kinase-like protein
AT3G49160	0.026	2.28	pyruvate kinase
AT3G52990	0.021	−2.08	pyruvate kinase
AT3G60750	0.010	−3.50	Transketolase
AT4G38970	0.001	−2.59	fructose-bisphosphate aldolase, class I
AT5G38420	0.043	2.31	ribulose bisphosphate carboxylase small chain 2B
AT5G56350	0.002	2.13	pyruvate kinase
AtNADP-ME1	0.007	−3.60	malate dehydrogenase (oxaloacetate-decarboxylating) (NADP+)

（续表）

符号	P 值	变化倍数	注释
AtNADP-ME4	0.042	-2.85	NADP-malic enzyme 4
AtPPC1	0.002	-2.37	phosphoenolpyruvate carboxylase 1
AtPPC2	0.015	-3.63	phosphoenolpyruvate carboxylase 2
AtPPC3	0.022	2.40	phosphoenolpyruvate carboxylase 3
MDH	0.048	2.13	malate dehydrogenase
PKP-ALPHA	0.006	2.35	Pyruvate kinase family protein

一、天线蛋白

光合作用天线蛋白是存在于光系统Ⅰ（PSⅠ）和光系统Ⅱ（PSⅡ）复合体上的具有光能吸收活性的一类蛋白质。该类蛋白质在光能的吸收、传递、转换过程中行使功能，可迅速将捕获的光能传至光反应中心，引起光化学原初反应，捕获的光能通过电子传递的方式，将电能转化为化学能，进而使光能被固定。因此，天线蛋白是植物光反应过程中的一类非常重要的蛋白复合体。

PSⅡ中三种叶绿素结合蛋白 Lhcb1（编码基因 *CAB1*）、Lhcb2（编码基因 *LHCB2.1*）、Lhcb3（编码基因 *LHCB3*）是一类捕获光能的蛋白质，该三种蛋白质以三聚体的形式存在于 PSⅡ中。在低钾胁迫下，*CAB1* 下调 6.04 倍，*LHCB2.1* 下调 2.7 倍，*LHCB3* 上调 3.21 倍，表明低钾胁迫过程已经影响到烟草光能的捕获和吸收。

叶绿素结合蛋白质 LHCB4（编码基因 *LHCB4.2*、*LHCB4.3*）在 PSⅡ中紧邻捕光蛋白三聚体，行使激发能量传递和耗散的功能。这两个基因均上调表达，表明在捕光蛋白受影响的前提下，可能促进了传递蛋白 LHCB4 的表达。另外，PSⅠ中蛋白质 LHCA3 也是一类捕获光能的天线蛋白，编码基因 *LHCA3* 在低钾胁迫下处于下调表达状态。以上信息表明，低钾胁迫很有可能造成了捕光蛋白效率的降低，使光能的吸收受阻。

二、碳固定过程

光合作用碳固定，是 CO_2 在光反应生成的 NADPH 和 ATP 还原力的推动下生成碳水化合物，并将活跃的化学能转变为稳定的化学能，与光反应阶段协调完成整个光合作用的过程。

CO_2可在C4途径中进行高效固定，暗反应中CO_2在磷酸烯醇丙酮酸羧化酶（EC4.1.1.31，编码基因*AtPPC1*）、NADP-苹果酸脱氢酶（EC1.1.1.40，*AtNADP-ME4*、*AtNADP-ME1*）、苹果酸酶（EC1.1.1.37，*MDH*）、丙酮酸激酶（EC2.7.1.40，*AT5G56350*）等调控催化下完成高效固定，固定的CO_2将在C3途径中继续同化。低钾胁迫下，*AtPPC1*、*AtNADP-ME4*、*AtNADP-ME1*下调表达，*MDH*、*AT5G56350*则上调表达，表明该途径中的基因对缺钾逆境反应不一，反映了对低钾响应的复杂性。

C3途径下，在叶绿体中被固定的CO_2在核酮糖-1，5-二磷酸羧化酶/加氧酶（Rubisco）（EC4.1.1.39，*AT5G38420*）催化调控下，与受体Rubp结合形成3-磷酸甘油（PGA），从而进入卡尔文循环，最终转化为淀粉。该循环中间产物3-磷酸甘油醛（GAP），在果糖-二磷酸醛缩酶（EC4.1.2.13，*AT4G38970*）催化下生成果糖-1，6-二磷酸（FBP），并进而在果糖-6-磷酸（F6P）转酮醇酶（EC2.2.1.1，*AT3G60750*）催化下生成赤藓糖-4-磷酸（E4P）。而磷酸甘油与赤藓糖-4-磷酸在EC4.1.2.13作用下又可生成景天庚酮糖-1，7-二磷酸（SBP），后者又可在EC2.2.1.1作用下生成核糖-5-磷酸，最终转化为核酮糖-5-磷酸（Rubp），重新生成了CO_2结合受体Rubp，完成了整个循环过程。在低钾胁迫下，该循环中*At5G38420*上调，*At4G38970*表达下调，*At3G60750*表达下调，表明低钾逆境可能抑制了卡尔文循环的中间过程。

第五章　烟草的钾转运体基因

在分子水平上，植物对钾离子的吸收，由位于细胞膜上的钾离子通道（Channel）以及钾离子转运蛋白（Transporter）承担。钾离子转运蛋白则介导了植物的高亲和性钾吸收，在植物 K^+ 的跨膜运输中起重要作用，其发挥作用的外界钾离子浓度范围为 0.001~0.2mmol/L；而钾离子通道介导了植物低亲和性钾的吸收，其起作用的外界钾离子浓度范围为 1~10mmol/L。本章主要阐述钾离子转运蛋白。

到目前为止，对模式植物拟南芥的钾吸收分子机制的研究最为透彻。在拟南芥中，钾转运体蛋白可以分为 4 个家族，即 KUP/HAK/KT、HKT/Trk、CHX 和 KEA，其中，KUP/HAK/KT 家族成员最多，且了解最为透彻。在结构上，植物 KUP /HAK /KT 家族成员的拓扑结构尚不清楚，可能具有 10~12 个 TMS 跨膜区，在第 2 个和第 3 个 TMS 之间有 1 个长的胞质环结构。在拟南芥中，KUP1、KUP2、KUP4 及 HAK5 的功能已经得到了验证，其中，HAK5 在拟南芥高亲和钾吸收中发挥着重要的作用。

烟草的钾转运体蛋白的研究相对薄弱，目前，本课题组只克隆出 *NtHAK*1、*NtTPK*1、*NtTPK*2 3 个基因。

第一节　*NtHAK1* 基因

NtHAK1 是采用 RT-PCR 的方法，结合 3’RACE 与 5’RACE，从普通烟草（*Nicotiana tabacum*）品种 K326 中克隆出来[1]，属于植物的 KUP/HAK/KT 家族。该基因序列长度为2 016 bp，编码 378 个氨基酸，其分子量为 42.27kDa，等电点 7.2。在结构序列上，该编码蛋白具有 6 个跨膜区，含有 K^+ 转运蛋白的功能保守域 cl01227。同源性分析结果显示，*NtHAK1* 与拟南芥、水稻、大麦等植物的高亲和 K^+ 吸收转运基因具有较高的同源性；在组织水平上，*NtHAK1* 在根、茎、叶及花中均有表达；在表达模式上，*NtHAK1* 的表达并不受外界低 K^+ 环境的诱导。*NtHAK1* 的过表达提高了转基因植株的耐盐能力[2]。

一、NtHAK1 的序列特征

NtHAK1 编码了一个包含 378 个氨基酸的蛋白质，其分子量约为 42.27 kDa，等电点 7.2。该蛋白具有 6 个跨膜螺旋，其位置分别为第 48~70、第 90~112、第 180~202、第 222~240、第 247~269 以及第 319~341 氨基酸。同时，在其 N 端还存在信号肽序列。

对 NtHAK1 氨基酸序列的疏水性分析表明，NtHAK1 具有疏水区，富含疏水氨基酸，是一个膜蛋白。

利用 NCBI 的蛋白质功能保守域分析软件，对 *NtHAK1* 编码的氨基酸序列进行分析。结果表明，NtHAK1 的氨基酸序列中包含 K^+转运蛋白的功能保守域 cl01227。cl01227 是一个 K^+转运体蛋白的功能保守域，在细菌（KUP）、酵母（HAK）及植物（AtKT）中相当保守。COG3158（kup）、pfam02705（K_ trans）、TIGR00794 与 PRK10745 都是该家族的成员。

二、*NtHAK1* 编码蛋白的同源性分析

根据 *NtHAK1* 的核苷酸序列，在 TAIR 数据库中进行了 BLASTN，结果表明，*NtHAK1* 与 *AtKUP10*、*AtKUP11*、*AtKUP5*、*AtHAK5* 及 *HvHAK2* 具有较高的核苷酸序列同源性，说明该基因应为一个与 K^+的吸收和转运相关的新基因。同时，BLASTP 分析发现，*NtHAK1* 所编码的蛋白质的氨基酸序列为一新序列，与拟南芥的 AtHAK5、AtKUP1、AtKUP10、AtKUP11，水稻的 OstHAK2、OsHAK11，芦苇（PhaHAK4）及辣椒（CnHAK1）的高亲和 K^+转运蛋白，以及蚕豆（VifHAK）与葡萄（VivKUP1）的 K^+转运蛋白有较高的序列相似性，其相似性分别达到了 54%、52%、80%、80%、52%、76%、53%、48%、53% 和 47%。

三、*NtHAK1* 的表达模式

（一）组织表达模式

Northern 印迹分析的结果表明，*NtHAK1* 在叶、茎及花等组织中均有表达，在叶片中的表达相对较强，在茎及花等组织中的表达相对较弱，而在根中则几乎没有表达。由此说明，该基因的表达组织特异性不强。这种非特异组织表达的特性，与高亲和 K^+转运体家族（KUP /HAK /KT）非特异组织表达的特征是一致的。

（二）受低 K^+ 诱导表达模式

为了解 *NtHAK1* 的表达是否受外界低 K^+ 环境的诱导，对 *NtHAK1* 在低 K^+ 条件下的表达量进行了 RT-PCR 分析。分析结果表明，低 K^+ 处理 12h、24h、48h 及 96h 后，*NtHAK1* 的表达量并无明显变化，说明 *NtHAK1* 的表达并不受外界低 K^+ 胁迫的诱导。已有研究结果表明，植物的 KUP /HAK /KT 转运体的表达模式较为复杂，对拟南芥来说，其 KUP /HAK /KT 家族的 11 个基因中，只有 *AtHAK5* 对外界的低 K^+ 胁迫产生响应，而其余基因的表达量并没有发生明显改变。对于其他的农作物来说，其 K^+ 转运体基因的表达也能够响应外界低 K^+ 环境的变化。

同时，在 MS 上移苗时发现，*NtHAK1* 的表达量有所波动，表现为在 12h 和 48h 的表达量有所下降，这种情况的出现可能有一些未知的原因。

四、*NtHAK1* 的功能

一般认为，植物的 KUP /HAK /KT 家族基因可能是 K^+/ Na^+ 的反向转运体。所以，该家族基因的功能就承担了 K^+ 与 Na^+ 的跨膜运输。因此，该家族基因的过表达植株，既可以表现出耐低钾增强（例如拟南芥的 *AtHAK5*），又能够表现出耐盐性增强的特性（如大麦的 *HvHAK1*）。

秦利军等[2]将 *NtHAK1* 在普通烟草品种 K326 中超量表达，分析了过表达植株的耐盐性。结果表明，在外界 NaCl 浓度为 100mmol/L 与 150mmol/L 时，转基因烟草种子的萌发率、萌发势和发芽指数均显著高于普通烟草 K326。将转基因烟草及普通烟草 K326 的幼苗进行盐胁迫处理，过表达 *NtHAK1* 烟草幼苗的叶绿素含量、抗氧化酶活性（SOD、CAT）以及 K^+ 含量，均高于 K326；而其丙二醛含量、Na^+ 含量以及 Na^+/ K^+ 比，则显著低于普通烟草 K326。此结果说明，*NtHAK1* 在烟草中的过量表达，增强了转基因植株的耐盐性。同时，也从另外一个角度证实，*NtHAK1* 具有通透 Na^+ 的功能。

第二节　*TPK1* 基因

TPK1（Tobacco Putative K1）基因，是采用同源克隆与电子克隆相结合的手段，从普通烟草中克隆出来的一个钾转运体基因，属于植物的 KUP/HAK/KT 家族[3]。它以利用 RACE 技术克隆出的烟草钾转运体基因片段的 3′端序列

为探针，对烟草 EST 数据库进行搜索，筛选与探针同源性在 95%以上的 EST 序列，再利用 DNAStar 软件进行拼接而得到。该基因所编码蛋白质的分子量为 26.21 kD，理论等电点为 9.72。该基因错编码的蛋白质是一个疏水膜蛋白，包含 6 个明显的跨膜螺旋拓扑结构；在二级结构中，共包含 11 个 α-螺旋和 16 个 β-折叠。在亚细胞水平，*TPK1* 定位于质体、液泡及内质网上。在氨基酸序列上，*TPK1* 含有信号肽剪切位点及丝氨酸、苏氨酸和酪氨酸激酶磷酸化位点。在功能方面，TPK1 包含典型的 K^+吸收转运功能保守域，并且与高等植物主要的 K^+吸收转运基因具有较高的同源性。Northern 杂交结果显示，*TPK1* 在茎、叶及花器官中均有表达。

一、TPK1 的序列特征

TPK1 的核苷酸序列全长为 1191 bp，所编码的蛋白 TPK1 由 20 种氨基酸构成，其中以 Ala \ Ile \ Leu \ Val 为最多（>20%），以 Cys \ Glu \ His \ Met 较少（4%）。该蛋白的分子量是 26.21 kDa，理论等电点为 9.72 。*TPK1* 编码多肽的原子组成为 $C_{1236}H_{1928}N_{304}O_{307}S_8$，消光系数在 280 nm 时为46 660。TPK1 的不稳定系数是 36.61，由此说明该蛋白是一个稳定蛋白，TPK1 的脂肪系数为 120.72，总平均亲水性为 0.688，说明该蛋白的疏水性较强。结合 TPK1 的疏水性、脂肪系数与总平均亲水性来综合分析，可以判定 TPK1 是一个疏水性蛋白。

采用 EXPASy 软件对 TPK1 的二级结构进行了预测。结果表明，在 TPK1 的二级结构中，共包含 11 个 α-螺旋，其相应的核苷酸位置为第 4~5、第 37~39、第 79~81、第 92~102、第 103~110、第 126~142、第 157~168、第 170~180、第 186~187、第 188~194 以及第 227~235 位，占 32%；16 个 β-折叠，占 37%。

TPK1 蛋白包含多个跨膜螺旋区域，其中，由内向外有 5 个跨膜螺旋区域，其相应的氨基酸位置为第 5~25、第 32~52、第 103~121、第 148~176 及第 201~221 位；由外向内有 6 个跨膜螺旋区域，其相应的氨基酸位置为第 1~20、第 28~51、第 81~97、第 104~124、第 149~171 及第 201~221 位。

利用 EXPASy 对 TPK1 的跨膜拓扑结构进行了分析。结果表明，TPK1 包含 6 个可能性极高的跨膜拓扑结构，区域为第 1~20（o—i）、第 32~52（i—o）、第 81~97（o—i）、第 103~121（i—o）、第 149~171（o—i）及第 201~221 位氨基酸（i—o）。综合 TPK1 跨膜区域与跨膜拓扑结构的分析结果，可以判定

TPK1 很可能是一个膜蛋白。

TPK1 蛋白含有 6 个丝氨酸激酶磷酸化位点（第 63、144、148、174、194、225 位氨基酸）、1 个苏氨酸激酶磷酸化位点（第 193 位氨基酸）以及 1 个酪氨酸激酶磷酸化位点（第 150 位氨基酸）。该结果说明，TPK1 能够被这些激酶所磷酸化，从而实现其功能的调控。

二、TPK1 的功能结构域及同源性分析

（一）功能结构域预测

通过对 TPK1 的功能保守域进行分析，找到了 8 个相关的功能保守域（K_ trans [pfam02705]、PLN00148、PLN00149、PLN00150、PLN00151、kup [TIGR00794]、Kup [COG3158]、trkD [PRK10745] ）。这 8 个功能保守域均与 K^+吸收或运输有关。因此，可以推测，TPK1 在烟草中可能发挥与 K^+吸收或运输相关的功能，即 TPK1 很可能是一个烟草 K^+吸收转运相关蛋白。

（二）同源性分析

为了进一步明确 TPK1 的功能，分析其与其他植物 K^+吸收转运蛋白的进化关系，将 TPK1 与属于 KUP/KT/HAK 家族的拟南芥（AtKUP1、AtKUP4、AtPOT10）、水稻（OsHAK12、OsHAK7）、大麦（HvHAK1、HvHAK2）和其他植物（SbHAK1、CaHAK1、PhaHAK3、VfHAK1）的 K^+吸收转运蛋白进行了同源性分析，结果表明，与 TPK1 同源关系最近的为水稻的 OsHAK12，其次为拟南芥的 AtPOT10，同源关系最远的为拟南芥的 AtKUP1 及大麦的 HvHAK2。

TPK1 同源性分析的结果，进一步验证了其功能保守域推测的结果，即所克隆的 TPK1 应当属于烟草高亲和 K^+吸收转运相关蛋白。同时说明，植物高亲和钾转运体基因同源性的远近，与单子叶或双子叶植物没有一定的相关性。

三、*TPK1* 的组织表达

以烟草根、茎、叶和花等组织的总 RNA 为模板，采用 Northern blotting 的方法对 *TPK1* 组织表达情况进行分析。结果表明，电子克隆所得到的 *TPK1* 在叶、茎和花中均有表达，但在根中几乎没有表达。由此说明，该基因的表达具有组织特异性，*TPK1* 主要与 K^+在烟草体内的运输活动有关，而与根部由外界吸收钾的活动关系不大。

第三节　*TPK2* 基因

TPK2（Tobacco Putative K2）基因，是根据烟草的 EST 片段，采用 3’RACE与 5’RACE 相结合的方法，所克隆到的一个烟草推测钾转运基因 *TPK2*，属于植物的 KUP/HAK/KT 家族[4]。该基因所编码的蛋白包含 563 个氨基酸，分子量为 62.6 kDa，等电点 7.94。在结构上，TPK2 具有植物行使钾转运功能的 c15781 保守域；同源性分析表明，TPK2 与模式植物拟南芥、水稻等高亲和钾转运蛋白同源性较高。

一、TPK2 的序列特征

TPK2 基因的开放阅读框长度为 1 692 bp。该基因编码了一个含有 563 个氨基酸的蛋白，其分子量为 62.6 kDa，等电点 7.94。从基因结构看，其 5′UTR 位于 1~466，3′UTR 位于 2 159~2 458 核苷酸。该蛋白由 20 种氨基酸组成，其中，缬氨酸（Val）、亮氨酸（Leu）、异亮氨酸（Ile）、甘氨酸（Gly）以及丙氨酸（Ala）所占比例较高，数量分别为 62 个、58 个、43 个、4 个、40 个。

TPK2 蛋白包含 11 个跨膜螺旋，同时具有疏水性。这些特征与定位和质膜的跨膜物质转运蛋白的特征相同，因此可以推断，目的基因所编码的蛋白很可能是定位于膜上的膜蛋白。

二、TPK2 的功能结构域及同源性分析

通过 http：//www.ncbi.nlm.nih.gov/Structure/cdd/wrpsb.cgi，分析了目的基因所编码的蛋白的功能保守域。结果表明，该蛋白拥有 c15781 钾转运体超级家族的钾转运功能保守域。该保守域广泛存在于众多的钾转运蛋白中，在物种上涵盖了藻类、细菌及植物，在其钾营养代谢中发挥着重要作用。目的蛋白的功能保守域分析结果表明，该蛋白在烟草中很可能承担了钾吸收运转的功能。因此，将该基因命名为 *TPK2*（Tobacco Putative K）。

采用 DNAMAN 软件，构建了 TPK2 与拟南芥的 AtKUP1 及 AtHAK5、水稻的 OsHAK2 及 OsHAK11、辣椒的 CnHAK1 及葡萄的 VivPT2 等蛋白的系统进化树。分析的结果表明，TPK2 与这几个蛋白的同源性较高，其中，与水稻 OsHAK11 的序列相似度最高，达到了 76%；与 AtHAK5 的相似度最低，为 48%。在分类上，上述 6 个钾吸收转运蛋白均属于高亲和性钾转运体家族。因

此可以推断，TPK2 也应当属于该家族的一分子，在烟草高亲和性钾吸收中发挥重要作用。

第四节　*NtKT12* 基因

NtKT12 是采用 RT-PCR 方法，从普通烟草品种 K326 中克隆到的一个钾转运体的同源基因[5]。该基因核苷酸序列全长为 2 532 bp，编码了一个包含 844 个氨基酸的蛋白，预测分子量为 93.1 kDa，等电点为 7.2。该基因与绒毛烟草钾转运体 12、林烟草钾转运体 12 等具有较高的同源性。NtKT12 具有 12 个跨膜区，在根中的表达量最高，并且受低钾胁迫的强烈诱导。

一、NtKT12 的序列特征

NtKT12 基因序列全长为 2 532 bp，编码 844 个氨基酸。*NtKT12* 编码蛋白预测的分子量为 93.1 kDa，理论等电点为 7.2。该蛋白是一个稳定性蛋白，其总平均疏水性为 0.349，不稳定系数是 35.95。利用 DNAMAN 软件进行的疏水性分析结果表明，该蛋白含有 294 个疏水性氨基酸，可能为疏水性蛋白。

利用 IBCP（http：//npsa-pbil. Ibcp. fr）的在线工具 SOPMA，对 NtKT12 的二级结构进行预测的结果表明，α-螺旋约占 44.60%，无规则卷曲约占 27.28%，延伸链占 21.12%，β-转角占 7.00%，其中 α-螺旋为主要结构。

NtKT12 编码蛋白的跨膜区分析结果表明，该蛋白含有 12 个跨膜区，且在第 2、3 个跨膜区之间有一个较长的胞质环。跨膜螺旋的位置分别为第 106～128 氨基酸，第 143～165 氨基酸，第 234～256 氨基酸，第 269～291 氨基酸，第 298～320 氨基酸，第 349～371 氨基酸，第 378～400 氨基酸，第 420～442 氨基酸，第 470～492 氨基酸，第 502～524 氨基酸，第 529～551 氨基酸，第561～580 氨基酸。据此推测 NtKT12 是一个膜蛋白。

利用 PSORT（http：//psort. hgc. jp/form. html）在线预测 NtKT12 的亚细胞定位。结果显示，在质膜定位的可能性为 0.8，在叶绿体类囊体膜上为 0.4，在高尔基体上为 0.4，在内质网（膜）上为 0.3，所以，推测 NtKT12 可能定位在质膜上。

二、NtKT12 的功能结构域及同源性分析

（一）功能结构域预测

利用 NCBI 数据库的 CDD 软件，对 NtKT12 蛋白功能保守域进行了分析，

结果表明，该蛋白序列中包含 kup、K_ trans、Kup、trkD 以及 K-trans super family 功能保守域。“K-trans”结构域（Pfam02705）是 KUP/KT/HAK 钾转运体家族的特有典型结构。因此，NtKT12 应该是植物钾转运体超级家族的一员，并且具有该家族成员的功能。

（二）同源性分析

把 *NtKT12* 序列在 NCBI 数据库中进行 Blast 比对，按照相似性程度高低选择 20 个基因序列（包括 *NtKT12*）构建系统进化树。结果表明，*NtKT12* 与绒毛烟草钾转运体 12-1、林烟草钾转运体 12、马铃薯钾转运体 12-1 等具有较高的核苷酸序列同源性（99%、99%、92%），与粟米钾转运体 23 同源性最低，为 73%。

三、*NtKT12* 的表达模式

（一）组织表达模式

采用 RT-qPCR 的方法，分析了 *NtKT12* 在普通烟草 K326 根、茎、叶、花中的表达量。结果表明，其表达量由高到低依次为根>叶>茎>花。其在根中的表达量分别是叶、茎、花中表达量的 4.2、52.2、177.3 倍，说明 *NtKT12* 基因主要在烟草植株的根中表达，其表达存在组织特异性，也暗示 *NtKT12* 在烟草根中承担相应的钾吸收与转运功能。

（二）受低 K^+ 诱导表达模式

采用 Real time PCR 的方法，对低钾处理后烟草 *NtKT12* 的表达量进行了分析。结果表明，对低钾环境有着强烈的响应，总体呈现升高-下降-升高-下降的趋势。在低钾处理 6h 后，*NtKT12* 表达量迅速上升并达到峰值，为对照（0h）的 18.2 倍；12h 时表达量又下降，而 24h 时表达量再次上升，为对照的 3.9 倍；48h 时表达量再度下降，低至对照的 57%。低钾处理后，*NtKT12* 表达量的变化趋势与大豆 *GmKT12* 在缺钾处理后的表现较为相似。

参考文献

[1] 鲁黎明，杨铁钊．烟草钾转运体基因 *NtHAK1* 的克隆及表达模式分析［J］．核农学报，2011，25（3）：469-476.

[2] 秦利军，宋拉拉，赵丹，等．超量表达烟草高亲和钾离子转运体蛋白基因（*NtHAK1*）提高烟草盐胁迫能力［J］．农业生物技术学报，2015，23（12）：1576-1587.

[3] 鲁黎明．烟草钾转运体基因 *TPK1* 的电子克隆及生物信息学分析［J］．中国农业

科学，2011，44（1）：28-35.
[4] 鲁黎明，叶科媛，李立芹，等．烟草*TPK2*基因的克隆与生物信息学分析［J］．华北农学报，2013，28（6）：82-87.
[5] 李姣，许力，鲁黎明，等．烟草钾转运体*NtKT12*的克隆及表达分析［J］．华北农学报，2016，31（2）：65-70.

第六章　烟草的钾离子通道基因

植物中的钾离子通道，主要包括三大家族，即Shaker家族、TPK家族以及Kir-like家族，其中，Shaker家族最为庞大，也是最主要的钾离子通道，承担了大部分钾的吸收、转运以及细胞中钾离子动态平衡过程。在拟南芥及水稻中，均已经鉴定出一些具有离子通道活性的钾离子通道。

从圆锥烟草（*Nicotiana paniculata*）中克隆得到的*NpKT1*，是第一个从烟草中克隆出来的Shaker钾离子通道基因，但至今未见其功能研究的相关报道。2007年，Sano等利用烟草BY-2细胞系，克隆出*NKT1*、*NKT2*、*NtKC1*及*NTORK1* 4个钾离子通道基因。2008年，Hamamoto等从普通烟草中克隆出*NtTPK1*。

国内报道的首个烟草钾通道基因，是从黄花烟草（*Nicotiana rustica*）中克隆的*NKC1*，与同属Shaker钾通道的马铃薯*SKT1*同源性较高。随后，*NKT3*、*NKT4*、*NKT5* 3个钾离子通道基因也被鉴定。本课题组近年来从普通烟草中克隆出两个钾离子通道基因，即*NtTPK*及*NtKAT3*。本章即对这两个基因展开叙述。

第一节　*NtTPK*基因

植物中的TPK/KCO通道，包括两孔钾离子通道TPK（The tandem-pore K，也称串联孔通道）和一个Kir-型通道。TPK1和TPK4是拟南芥中两孔钾离子通道家族中研究较多的两个成员，TPK1定位在液泡膜上，受Ca^{2+}激活，是选择性K^{+}通道；而TPK4定位在质膜上，不具外向整流特点。植物中的两孔钾离子通道活性，受信号分子（如细胞内的H^{+}与Ca^{2+}）和物理因素（如温度与压力）的调节。

*NtTPK*是本课题组采用同源克隆的方法，从烟草品种K326中克隆的一个钾离子通道基因[1]。该基因序列全长1 317 bp，编码438个氨基酸。*NtTPK*基因在茎中的表达量最高，响应低钾及高盐（200mmol NaCl）处理，在烟草打顶7d后，该基因在叶和根中的表达量达到最高。

一、NtTPK的序列特征

*NtTPK*基因序列全长1 317 bp，编码438个氨基酸。该基因所编码的蛋白由

20 种氨基酸构成（其中，Leu 最多为 11.0%，而 Trp 最少为 1.1%）。该蛋白的分子量为 47.83 kDa，分子式为 $C_{2188}H_{3423}N_{557}O_{614}S_{20}$，理论等电点为 6.60；带负电荷的氨基酸残基（Asp + Glu）总数是 42，带正电荷的氨基酸残基（Arg + Lys）总数是 40；消光系数在 280 nm 时为 51 715；脂肪系数为 97.49，总的亲水性平均系数为 0.099。NtTPK 蛋白的不稳定系数是 34.26，推测它是一个稳定蛋白。

运用 TMHMM 2.0 对 *NtTPK* 编码蛋白的跨膜区进行预测分析，结果显示，NtTPK 蛋白含有 5 个跨膜区，且在第 3 个和第 4 个跨膜区之间均有一个较长的胞质环（Loop）。该蛋白含有较多的疏水区域，是一个疏水性膜蛋白。

利用 PSORT 在线工具预测 NtTPK 的亚细胞定位，结果显示，NtTPK 主要定位在质膜和叶绿体类囊体膜上，在质膜上的可能性为 0.6，叶绿体类囊体膜上为 0.572，在高尔基体上为 0.4，在内质网（膜）上为 0.3，说明其可能定位在质膜与叶绿体类囊体膜上。

利用 NetPhos3.1 Server 在线工具，对 Nt-TPK 中的丝氨酸（Serine）激酶、苏氨酸（Threonine）激酶和酪氨酸（Tyrosine）激酶的磷酸化位点进行分析的结果表明，NtTPK 中含有 24 个丝氨酸激酶磷酸化位点，9 个苏氨酸激酶磷酸化位点和 3 个酪氨酸激酶磷酸化位点，推测此蛋白能被激酶磷酸化，从而参与相应生理过程的调控。

运用 IBCP 的在线工具 SOPMA，对 NtTPK 的二级结构进行预测，结果显示，α-螺旋为主要结构，占 46.42%，而 β-折叠占 7.92%，延伸链占 22.64% 以及无规则卷曲占 23.02%。

二、NtTPK 的同源性分析

将 NtTPK 的氨基酸序列在 NCBI 数据库中进行 BLAST 比对，按照相似性程度高低选择 19 个序列，运用 BioEdit、clustalx-2.0 及 MEGA2.0 软件构建系统进化树。结果表明，NtTPK 与绒毛状烟草两孔钾离子通道 TPK3、普通烟草两孔钾离子通道 NtTPK3、普通烟草 NtTPK1 等具有较高的序列同源性（99%、99%、98%），与胡萝卜两孔钾离子通道 TPK3 的同源性最低，为 81%。根据比对的同源蛋白信息，可以推测 NtTPK 应该属于植物 TPK 家族。

三、*NtTPK* 的表达模式

（一）组织表达模式

NtTPK 基因在烟草根、茎、叶和花中均有表达。其中，在茎中的表达量最

高，其次是在根中的表达，然后是叶片，在花中的表达量最低，在茎中表达量是在根中的 3 倍。

（二）响应低钾及高盐的表达模式

将烟草幼苗进行低钾及高盐（200mmol NaCl）处理，在处理后 6h、12h、24h 采集样品，进行 *NtTPK* 表达量的分析。结果表明，与对照相比，*NtTPK* 基因随低钾处理时间的延长其表达量呈下降趋势，尽管在 12h 时表达量有所升高，但到处理 24h 时，其表达量仍然达到最低，比对照降低了 5.1 倍。

同时，*NtTPK* 基因随高盐处理时间的延长表达量呈上升趋势，尽管在 12h 时表达量有所降低，但在处理 24h 时，其表达量仍然达到最高，是对照的 5.3 倍。

该结果说明，*NtTPK* 基因对低钾及高盐有着强烈的诱导响应，在烟草的低钾及高盐生理响应中发挥重要作用。

（三）烟草打顶前后的表达量变化

在烟叶生产中，烟草植株现蕾或者初花后，会将植株顶部打断去除，以利于顶部烟叶的发育与内含物的积累。烟草在打顶后，其植株内部的钾离子有一个再分配的过程，而且，有一部分钾离子会被排出体外。韩锦峰等研究认为，我国烟叶钾含量低的重要原因是，烟草通过根系将 K^+ 排到体外，而钾又不能得到充分、适时、合理的补充所造成的。所以，探明烟草外排 K^+ 的机理，对于提高烟草叶片中的钾含量具有重要的理论意义及实践价值。

为了探索烟草钾离子的外排是否与 TPK 通道有关，本研究采用 RT-qPCR 的方法，分析了打顶后 *NtTPK* 基因在叶片及根中的表达情况。结果显示，在烟草打顶 1d、3d 和 7d 后，叶中该基因表达量逐渐增加。7d 时，其表达量最高。在根中，与对照相比，该基因在打顶后 1d 和 3d 的表达量基本一致。但在打顶 7d 时，*NtTPK* 基因表达量达到最高水平，是对照的 14.6 倍。

第二节　*NtKAT3* 基因

植物的 K^+ 通道主要包括 Shake 家族和 KCO 家族，其中，Shaker 家族的重要标志为氨基酸序列有一个很保守的 TxxTxGYGD 序列（简称 T 盒），在质膜上能形成异源四聚体结构。Shaker 家族目前被认为是植物钾离子吸收和转运最为重要的功能蛋白，对植物保持细胞内部钾离子的平衡有着至关重要的作用。Shaker 家族分为 AKT1、KAT1、AKT2、KC1 和 SKOR 5 个亚族。KC1（KAT3）

亚族主要表达在根毛和根的内皮层细胞，并且参与调节 AKT1 通道的 K^+离子吸收。本研究也采用同源克隆的方法，从烟草中克隆了一个与拟南芥 *KC1*（*KAT3*）同源性较高的基因 *NtKAT3*[2]。该基因全长 1 989 bp，蛋白编码 662 个氨基酸，分子量 75. 6 kDa，等电点 7. 2。NtKAT3 蛋白具有 5 个跨膜区，是一个疏水蛋白。*NtKAT3* 基因在根中的表达量最高，其次是叶、茎和花，同时，其表达受到低钾和盐胁迫诱导。

一、NtKAT3 的序列特征

NtKAT3 基因全长 1 989bp，编码了一个包含 662 个氨基酸的蛋白质。该蛋白预测的分子量为 75. 6kDa，分子式为 $C_{3431}H_{5351}N_{907}O_{969}S_{25}$，理论等电点为 7. 20，该蛋白的总平均疏水性为-0. 083，不稳定系数是 36. 66，是一个稳定性蛋白。

利用在线 ProtSCale（http：/web. expasy. org/protscale/）进行的疏水性分析结果表明，NtKAT3 蛋白是一个疏水蛋白。

利用 IBCP（http：//npsapbil. ibcp. fr）的在线工具 SOPMA，对 NtKAT3 的二级结构进行预测，其结果表明，在 NtKAT3 蛋白的二级结构中，α-螺旋约占 41. 09%，无规则卷曲约占 21. 75%，延伸链占 29. 46%，β-转角占 7. 70%，其中 α-螺旋为主要结构。

NtKAT3 编码蛋白的跨膜区分析结果表明，该蛋白是一个膜蛋白，含有 5 个跨膜区。跨膜螺旋的位置分别为第 46～65 氨基酸，第 75～96 氨基酸，第 116～138 氨基酸，第 185～204 氨基酸和第 262～284 氨基酸。

利用 PSORT（http：//psort. hgc. jp/form. html），在线预测了 NtKAT3 的亚细胞定位。结果显示，在质膜上的可能性为 0. 87，在微体中为 0. 59，在高尔基体上为 0. 30，在内质网（膜）上为 0. 20，所以，推测该蛋白可能定位在质膜上。

二、NtKAT3 的功能结构域及同源性分析

（一）结构功能域分析

利用 NCBI 数据库的 CDD 软件，对 NtKAT3 蛋白功能保守域进行了分析。结果表明，该蛋白存在离子转运结构域（Ion_ trans）和环核苷酸结合域（cAMP）。环核苷酸结合域存在于 cAMP 及 cGMP 依赖的蛋白激酶及门控离子通道中。因此，可以推断，NtKAT3 蛋白可能是一个离子通道蛋白。

（二）同源性分析

把 NtKAT3 的氨基酸序列在 NCBI 数据库中进行 BLAST 比对，按照相似性

程度高低选择较高相似性的 20 个基因序列（包括 NtKAT3），构建系统进化树。结果表明，NtKAT3 与绒毛烟草钾离子通道 KAT3、林烟草钾离子通道 KAT3 等具有较高的氨基酸序列同源性（分别为 99%、97%），与野草莓钾离子通道 KAT1 的氨基酸序列同源性最低，为 59%。

三、*NtKAT3* 的表达模式

（一）组织表达模式

采用 RT-qPCR 的方法，分析了 *NtKAT3* 在根、茎、叶、花中的表达量。结果表明，其表达存在组织特异性。*NtKAT3* 表达量由高到低依次为根、茎、叶、花，其在根中的表达量分别是茎、叶、花中表达量的 2.7、60.2、63.4 倍。此结果说明，*NtKAT3* 主要在烟草植株的根中表达，推测可能在烟草根对钾离子吸收和转运中发挥作用。

（二）响应低钾及高盐的表达模式

为了探讨表达是否响应低钾及高盐的诱导，本研究采用 Real-time PCR 的方法，对 *NtKAT3* 在低钾和盐胁迫（200mmol NaCl）处理后 0h、6h、12h、24h 及 48h 的表达量进行了分析。结果表明，*NtKAT3* 的表达受低钾及高盐的强烈诱导。对低钾胁迫响应的趋势为先升高后降低；而对高盐的响应趋势则为先降低、再升高、再降低。具体而言，该基因在低钾处理开始后，表达量上升，12h 时达到最大，为对照（0h）的 2.6 倍；随后表达量下降，到 48h 后表达量达到最低，仅为对照的 25%。与此相对应，盐处理后 *NtKAT3* 的表达量开始降低，12h 后升高，到 24h 达到最高，其表达量是 0h 的 1.4 倍；然后又降低，到 48h 时达到最低。

NtKAT3 的受诱导表达模式暗示，该基因可能参与了烟草对低钾及高盐的响应过程。

参考文献

[1] 许力，黄路平，鲁黎明，等．烟草钾离子通道基因 *NtTPK* 的克隆及表达分析 [J]．浙江农业学报，2017，29（3）：366-372.

[2] 黄路平，刘仑，鲁黎明，等．烟草 *NtKAT*3 基因克隆、序列和表达分析［J］．浙江农业学报，2017，29（7）：1057-1063.

第七章　烟草钾基因的相关调控因子

植物对钾的吸收调控，涉及复杂的信号网络的传导过程，动员了众多的除钾通道和钾转运体以外的调控基因。这些调控基因包括了转录因子、蛋白激酶（如CBL-CIPK 信号系统、14-3-3、PP2C 等）等，它们以不同的方式调节着钾吸收转运相关基因的表达。

研究表明，CBL-CIPK 信号系统广泛参与了植物钾吸收调节过程。在拟南芥中，AtCIPK23 在 AtCBL1/9 的介导下，通过磷酸化 AKT1，激活该离子通道，从而增强了拟南芥在低 K^+条件下对 K^+的吸收。*AtCIPK23* 在烟草中的过表达导致了转基因烟草低 K^+耐受性的增加。由此说明，烟草中可能存在与拟南芥相类似的钾吸收调控系统。从林烟草中克隆的同属 CIPK 蛋白激酶家族的 NsylCIPK3，与拟南芥和杨树中的 CIPK3 同源性较高，并且响应低钾胁迫的诱导。

本课题组克隆出了 *NtCBL1*、*NtCIPK2*、*NtPP2C* 以及 *Nt14-3-3* 基因，这些基因不同程度地响应外界低钾的诱导，可能参与了烟草对低钾的响应过程。

第一节　*NtCBL1* 基因

Ca^{2+}是植物细胞转导的第二信使，介导了植物生长发育的生理生化过程，在植物逆境应答的信号传导过程中起着重要的作用。特异 Ca^{2+}感受器能感知特异刺激所产生的 Ca^{2+}信号，进而通过特异的蛋白—蛋白间的相互作用，或者通过特定的磷酸化级联反应过程，或者基因表达调控来传递这种特异的钙信号，从而启动一系列的生理生化反应，使植物适应或抵御各种逆境胁迫。CBL（类钙调神经素 B 亚基蛋白，Calcineurin B-Like protein）是一类小分子钙离子感受器，含有典型的钙离子结合域 EF-hand。CBL 在植物响应生物与非生物胁迫过程中发挥着重要的作用，例如，拟南芥的 AtCBL1 就在拟南芥响应低钾、盐和干旱胁迫的过程中起正向调控作用，而在低温胁迫应答中起负调控作用。

本课题组从普通烟草 K326 中克隆了一个 *NtCBL1* 基因[1]。其序列包含了一个 642 bp 的开放阅读框，编码一个由 213 个氨基酸残基组成的蛋白，预测分子量为 24.5 kDa，等电点为 5.03。NtCBL1 具有 CBL 家族保守的 EF-hand 钙结合结构域，与林烟草 CBL1、甜辣椒 CBL1 等具有较高的同源性。*NtCBL1* 在根、茎、叶、花中均有表达，在根中的表达量最高，并且受低钾、高盐、干旱、ABA 和低温诱导。

一、NtCBL1 的序列特征

NtCBL1 基因的核苷酸序列包含了一个 642 bp 的开放阅读框，编码一个由 213 个氨基酸残基组成的蛋白。该蛋白包含亮氨酸 22 个（Leu，10.3%）、苯丙氨酸 20 个（Phe，9.4%）、谷氨酸 19 个（Glu，8.9%）、赖氨酸 18 个（Lys，8.5%）、天冬氨酸 16 个（Asp，7.5%），酪氨酸（Tyr，2 个，0.9%）和色氨酸（Trp，1 个，0.5%）含量较低。该蛋白预测的分子量为 24.5 kDa，理论等电点为 5.03，不稳定系数（instability index）是 35.75，该蛋白可能是一个稳定的酸性蛋白。NtCBL1 蛋白总的亲水性平均指数为-0.184，该蛋白可能是一个亲水性蛋白。

利用 IBCP 的在线工具 SOPMA（https：//npsaprabi. ibcp. fr/cgi-bin/npsa_automat. pl？page=/NPSA/npsa_ sopma. html），对 NtCBL1 的二级结构进行预测发现，该蛋白中 45.54%氨基酸参与 α-螺旋（Alpha helix），26.29% 的氨基酸参与无规则卷曲（Random coil），17.37% 的氨基酸参与延伸链（Extended strand），仅有 10.80% 的氨基酸参与 β-转角（Beta turn）。由此可见，该蛋白二级结构的最大元件为 α-螺旋。

利用 PSORT（http：//psort. hgc. jp/form. html）在线预测 NtCBL1 的亚细胞定位，结果显示，在微体上可能性为 0.612，在细胞质中为 0.450，在线粒体基质中为 0.1，在质膜上为 0.1，预测 NtCBL1 可能定位在微体与细胞质中。

二、NtCBL1 的功能结构域及同源性分析

（一）功能结构域分析

利用 NCBI 数据库的 SMART 软件对 *NtCBL1* 编码蛋白氨基酸的结构域进行分析，结果表明，该蛋白含有 3 个保守的 EF-hand 钙结合结构域，分别位于第 71~99 位、第 108~136 位、第 152~180 位氨基酸。EF-hand 钙结合结构域是钙结合蛋白的基本结构特征，NtCBL1 蛋白具有该保守结构域，说明它是一个属于植物 CBL 家族的蛋白。另外，NtCBL1 蛋白在其 N 端含有豆蔻酰化位点

MGXXXS /T，该位点在蛋白互作和蛋白与膜的附着方面起一定作用。

（二）同源性分析

把 NtCBL1 蛋白氨基酸序列在 NCBI 数据库中进行 BLAST 比对，按照相似性程度高低，选择 20 个相关蛋白的氨基酸序列（包括 NtCBL1）构建系统进化树。结果表明，NtCBL1 与林烟草 CBL1、甜辣椒 CBL1、番茄 CBL1 等具有较高的氨基酸序列同源性，分别为 100%、95%、94%，与拟南芥 CBL1 的同源性最低，为 83%。

三、*NtCBL1* 的表达模式

（一）组织表达模式

采用 Real Time PCR 的方法，分析了 *NtCBL1* 在根、茎、叶、花的表达量。结果表明，*NtCBL1* 的表达量由高到低依次为根>花>茎>叶，说明 *NtCBL1* 的表达存在组织特异性，并主要在烟草植株的根中表达。

（二）受低钾及其他非生物胁迫诱导表达模式

采用 Real Time PCR 的方法，对 *NtCBL1* 在低钾以及高盐（200mmol NaCl）处理后 0h、3h、6h、12h 及 24h 后的表达量进行了分析。结果显示，*NtCBL1* 基因对低钾胁迫的响应呈现出先升高后降低的表达趋势，在 12h 时达到最大（为 2.31 倍），随后表达量下降。与此相比，*NtCBL1* 在高盐处理后的表达，呈现先下降再上调最后降低的趋势，并在 6h 表达量上升至最大（为 0h 的 2.87 倍），随后表达量下降。

在 5% PEG6000 模拟干旱处理后 6h，*NtCBL1* 基因的表达量上升至最大（为0h 的 3.34 倍），随后表达量下降。而在 1μmol ABA 处理后，*NtCBL1* 的表达量表现出先上调后降低的趋势。处理后 3h，表达量上升至最大（为 0h 的 1.23 倍），随后表达量下降，6h 表达量低于 0h；12h 的表达量再次出现上升，24h 的表达量下降至 0h 的 31%。

在 4℃低温处理后，*NtCBL1* 表达的总体趋势是先上调后降低。在处理 6h 后表达量上升至最大（为 0h 的 2.13 倍），随后表达量下降。

第二节　*NtCIPK2* 基因

CIPK 是一类植物中特有的丝氨酸/苏氨酸蛋白激酶，其结构域中均含有一个保守的由24个氨基酸组成的FISL基序（又称NAF结构域）。该基序是一个自抑制结构域并介导与CBL的作用。当Ca^{2+}感受器CBL识别Ca^{2+}信号后，与CIPK相互作用，从而解除CIPK的自抑制，形成CBL-CIPK复合体。活化状态的复合体能磷酸化修饰下游靶蛋白，从而解码钙信号，并进一步将信号转化为细胞的生理反应。

植物的CIPK是一个大的家族，在植物响应高盐、低温、高温和低钾信号传导过程中发挥重要作用。例如，CBL-CIPK信号系统广泛参与了植物钾吸收调节过程。研究表明，在AtCBL1/9的介导下，AtCIPK23通过磷酸化AKT1，激活该离子通道，从而增强了拟南芥在低钾条件下对钾的吸收。

本课题组从普通烟草K326中克隆到一个属于植物CIPK家族的基因*NtCIPK2*[2]。该基因核苷酸序列全长1 341 bp，编码446个氨基酸残基，预测分子量为50.3kDa，等电点为8.90。NtCIPK2蛋白与绒毛状烟草（*Nicotiana tomentosiformis*）的CIPK2具有95%的同源性。*NtCIPK2*基因在烟草根、茎、叶、花中均有表达，其中茎中表达量最高，并且受低钾、高盐、干旱、H_2O_2和ABA的诱导。

一、NtCIPK2的序列特征

*NtCIPK2*基因的核苷酸序列全长1 341 bp，共编码446个氨基酸。其中，亮氨酸（11.2%），赖氨酸（10.1%），谷氨酸（8.7%），丝氨酸（7.0%）含量偏高，色氨酸（1.1%）含量最低。*NtCIPK2*所编码的蛋白预测的分子量为50.3kDa，理论等电点为8.90，不稳定系数（Instability index）为32.66，说明该蛋白可能是一个稳定的碱性蛋白。同时，其亲水性平均指数为-0.265，用在线软件ProtScale进行疏水性分析，预测该蛋白属于亲水性蛋白。

利用IBCP的在线工具SOPMA，对NtCIPK2蛋白的二级结构进行预测的结果显示，该蛋白中35.43%的氨基酸参与α-螺旋（Alpha helix），30.72%的氨基酸参与无规则卷曲（Random coil），21.52%的氨基酸参与延伸链（Extended strand），12.33%的氨基酸参与β-转角（Beta turn）。由此可见，该蛋白二级结构的最大元件为α-螺旋。

利用PSORT在线预测NtCIPK2的亚细胞定位，结果显示，该蛋白在质膜上的可能性为0.700，在微体上为0.300，在内质网上为0.200，在线粒体内膜上为0.100。因此，推测NtCIPK2可能定位在质膜上。

二、NtCIPK2 的功能结构域及同源性分析

（一）功能结构域分析

利用 NCBI 数据库的 CDD 软件对 NtCIPK2 编码蛋白的结构域进行了分析。结果表明，该蛋白的氨基酸序列包含了 PKc_ like 超级家族的功能结构域，在 N 端含有保守的活化环结构域 S_ TKc 及 STKc_ SnRK3。此结构域从第 13 位到 267 位氨基酸结束，该区域磷酸化可以激活 CIPK 的活性。同时，其 C 端含有一个与 CBL 相互作用的调节结构域（CIPK-C），此结构域从 318 位到 431 位氨基酸结束，是确定 CIPK 家族蛋白的重要标志。因此，可以推断 NtCIPK2 应该是属于植物 CIPK 家族的成员。

（二）同源性分析

把 NtCIPK2 蛋白的氨基酸序列在 NCBI 数据库中进行 Blast 比对，按照相似性程度高低选择 19 个蛋白的氨基酸序列（包括 NtCIPK2）构建系统进化树。结果表明，NtCIPK2 与绒毛状烟草 CIPK2（XP_ 009630199. 1）、马铃薯 CIPK18（XP_ 006365327. 1）、番茄 CIPK（XP_ 015076663. 1）等具有较高的氨基酸序列同源性，分别为 95%、94%、89%，与油棕 CIPK18（XP_ 010937988. 1）和菠萝 CIPK2（OAY79966. 1）的同源性最低，均为 69%。

三、*NtCIPK2* 的表达模式

（一）组织表达模式

采用 qRT-PCR 的方法，分析了 *NtCIPK2* 在根、茎、叶、花的表达量。结果表明，*NtCIPK2* 的表达具有组织特异性，其中在茎中的表达量最高，其次是根与叶，在花中的表达量最低。在茎中表达量是在根中的 2. 6 倍，是叶中的 10. 7 倍，是花中的 24. 1 倍。

（二）受低钾及其他非生物胁迫诱导表达模式

低钾处理后，*NtCIPK2* 的表达量在 12h 达到最大，为 0h 的 5. 11 倍。5% PEG-6000 和 H_2O_2 处理后，该基因都在 3h 达到最大，分别为 0h 的 1. 63 倍和 1. 87 倍。

高盐（200mmol NaCl）理后，*NtCIPK2* 的表达量在 6h 达到最大，为 0h 的 5. 95 倍。在 1μmol ABA 处理下，该基因表达量先下降后上升，12h 最低，仅为

0h 的 39.1%，24h 达到最大，为 0h 的 4.99 倍。

NtCIPK2 响应非生物胁迫的表达模式说明，*NtCIPK2* 基因广泛参与了烟草包括低钾在内的非生物胁迫生理响应。

四、烟草 *CIPK* 家族基因的表达与其含钾量之间的关系

烟草 *CIPK* 家族基因是否参与了烟草对钾的吸收与利用呢？为了探究这个问题，本课题组对普通烟草品种 K326、贵烟 5 号和云烟 87 进行了 3 个不同钾浓度（0.2mmol/L、1.0mmol/L、6.0mmol/L）的溶液培养，并测定其干物质量和钾含量[3]。同时，运用 qRT-PCR 的方法，分析了烟草 *CIPK* 家族 11 个基因对不同钾浓度处理的诱导表达模式。结果表明，随着培养液钾浓度的提高，各参试品种的单株干物质量和钾含量都呈升高趋势，且处理间有显著差异。其中，云烟 87 在不同钾浓度（0.2mmol/L、1.0mmol/L）处理下，其单株干物质量和钾含量均最高。*CIPK* 家族 11 个基因的表达均受钾浓度变化的诱导，表现为随着 K^+ 浓度的下降而上调表达；只有 K326 的 *CIPK9* 和贵烟 5 号的 *CIPK24* 的表达呈现下调趋势。

（一）不同钾浓度培养下烟草植株生物量比较

随着培养液中钾浓度的降低，各品种的植株干物质量均呈下降趋势。在 0.2mmol/L、1.0mmol/L 钾浓度处理下，云烟 87 与贵烟 5 号的干物质量差异不显著。但在 0.2mmol/L 钾浓度处理下，云烟 87 与贵烟 5 号的干物质量均显著高于 K326。在 6.0mmol/L 钾浓度处理下，贵烟 5 号的植株干物质量显著低于 K326 和云烟 87，后两者之间的差异则不显著。烟草植株生物量的测定结果表明，外界供钾量的高低，显著影响到烟草植株的生长与干物质的积累。

（二）不同钾浓度培养下烟草植株钾积累量比较

随培养液中钾离子浓度的降低，各参试材料植株的钾积累量都呈下降趋势。在 1.0mmol/L、6.0mmol/L 钾浓度处理下，云烟 87 的钾积累量显著高于 K326 及贵烟 5 号；而在 0.2mmol/L 钾浓度处理下，3 个品种的钾积累量之间差异显著，其中，云烟 87 最高，贵烟 5 号次之，K326 的钾积累量最低。钾积累量的测定结果表明，不同烟草品种在不同的外界钾浓度环境中，其植株的钾积累特性明显不同。

（三）不同钾浓度培养下不同烟草品种的 *CIPK* 基因的表达模式分析

采用 RT-qPCR 的方法，测定了在 3 个钾浓度下，云烟 87、贵烟 5 号和

K326 中 11 个 *CIPK* 基因的表达情况。这 11 个 *CIPK* 基因分别是：*NtCIPK2*、*NtCIPK3*、*NtCIPK5*、*NtCIPK6*、*NtCIPK9*、*NtCIPK11*、*NtCIPK12*、*NtCIPK14*、*NtCIPK18*、*NtCIPK23* 和 *NtCIPK24*。

测定的结果表明，这 11 个 *CIPK* 基因的表达对外界钾浓度均有强烈的响应。在低钾条件下（0.2mmol/L），其表达量基本是上调的。其中，云烟 87 的 11 个 *CIPK* 基因表达量均高于对照 K326，并且存在显著性差异。说明这些基因的表达受低钾胁迫的诱导。但在 K326 及贵烟 5 号中，*NtCIPK9* 与 *NtCIPK24* 表达却随着溶液钾浓度的降低而降低，且分别显著低于云烟 87 表达量。在所检测的 11 个 *CIPK* 基因中，*NtCIPK2*、*NtCIPK5*、*NtCIPK6*、*NtCIPK9*、*NtCIPK12*、*NtCIPK14*、*NtCIPK23* 和 *NtCIPK24* 等 8 个基因，随着溶液钾浓度的降低，其表达量变化较大。可以推测，这 8 个基因可能以某种直接或间接的方式参与了烟草钾吸收的调控。

（四）烟草钾含量与其 *CIPK* 基因表达量之间的逐步回归分析

将各处理各品种烟草植株的钾积累量（*Y*）与 11 个 *CIPK* 基因的表达量（*X*）进行逐步回归分析，得出了 3 个烟草品种在 3 个钾浓度处理下的逐步回归方程（表 7-1）。

对 K326 来说，在 6.0mmol/L 的外界钾浓度下，其叶片的钾含量与 *X7*（*NtCIPK12*）的表达量密切相关。在 1.0mmol/L、0.2mmol/L 的外界钾浓度下，其叶片的钾含量则分别与 *X9*（*NtCIPK18*）、*X2*（*NtCIPK3*）的表达量显著相关。

对于贵烟 5 号，其叶片的钾含量，在 6.0mmol/L、1.0mmol/L、0.2mmol/L 的外界钾浓度下，分别与 *X3*（*NtCIPK5*）、*X3*（*NtCIPK5*）、*X2*（*NtCIPK3*）的表达量显著相关。

而在云烟 87 方面，*NtCIPK9*、*NtCIPK23* 这两个基因的表达量与云烟 87 的叶片含钾量有显著的相关关系。具体而言，在 6.0mmol/L 的外界钾浓度下，其叶片的钾含量与 *X10*（*NtCIPK23*）的表达量密切相关。在 1.0mmol/L、0.2mmol/L 的外界钾浓度下，其叶片的钾含量则均与 *X5*（*NtCIPK9*）的表达量显著相关。

从回归分析的结果来看，有 6 个 *CIPK* 基因的表达量，即 *NtCIPK3*、*NtCIPK5*、*NtCIPK9*、*NtCIPK12*、*NtCIPK18* 与 *NtCIPK23*，与烟草叶片钾含量的关系较为密切。

表 7-1　各烤烟品种的钾含量和 *NtCIPK* 基因表达量的逐步回归方程

品种	钾浓度（mmol/L）	逐步回归方程
K326	6.0	$Y = 0.0895-0.0097\ X7$
	1.0	$Y = 0.0429-0.0192\ X9$
	0.2	$Y = -0.0392+0.1079\ X2$
贵烟 5 号	6.0	$Y = -0.0018+0.0136\ X3$
	1.0	$Y = 0.0172+0.0009\ X3$
	0.2	$Y = 0.0724-0.0642\ X2$
云烟 87	6.0	$Y = 0.1194-0.0113\ X10$
	1.0	$Y = 0.1397-0.0128\ X5$
	0.2	$Y = 0.0668-0.0059\ X5$

本研究的结果说明，烟草钾含量与其 *CIPK* 基因的表达密切相关。而 *CIPK* 基因的增强表达有助于烟草对钾的吸收和积累。

第三节　*Nt14-3-3* 基因

植物 14-3-3 蛋白是一类广泛存在酸性可溶性蛋白，是最重要的磷酸化结合蛋白之一，而且是高度保守的调节分子。植物 14-3-3 蛋白是由同源或异源二聚体形成的特殊的槽状结构，能广泛地与磷酸化靶蛋白结合，从而调节细胞内的基础代谢、信号传导、植物的生长发育以及参与植物的环境胁迫应答。

有研究表明，H^+-ATPase 在植物生长发育的过程中，以及胁迫响应等多种生理过程中行使重要功能，而植物 14-3-3 蛋白是 H^+-ATPase 的主要调节因子。在逆境胁迫下，植物的 14-3-3 蛋白会增强与质膜 H^+-ATPase 的结合，暗示 14-3-3 蛋白在植物细胞响应外界刺激中具有重要作用。

在模式植物拟南芥中，目前已经鉴定了 13 种 14-3-3 蛋白的异构体，番茄中已成功克隆出 12 个，水稻中已报道有 8 个，大豆中鉴定出 18 个。

本课题组，从普通烟草 K326 中克隆到 1 个 *Nt 14-3-3* 基因[4]，该基因核苷酸序列全长 783bp，编码 260 个氨基酸残基。Nt14-3-3 蛋白是由 9 个 α 螺旋组成的球状蛋白，含有 32 个磷酸化位点。*Nt 14-3-3* 基因在烟草根、茎、叶、花中均有表达，在根中的表达量最高。*Nt 14-3-3* 基因受低钾、高盐、干旱、脱落酸（ABA）、H_2O_2处理的诱导。

一、Nt14-3-3 的序列特征

Nt14-3-3 基因全长 783bp，编码 260 个氨基酸残基。该基因所编码的蛋白包含 20 种氨基酸，其中 Glu 最多（13.8%），而 Cys 和 Trp 最少，为 0.8%；该蛋白预测的分子量为 29.37kDa，分子式为 $C_{1287}H_{2043}N_{347}O_{421}S_8$；理论等电点为 4.80，属于酸性蛋白。Nt14-3-3 蛋白含有 50 个带负电荷的氨基酸残基（Asp+Glu），32 个带正电荷的氨基酸残基（Arg+Lys），脂肪系数为 85.31，总的疏水性平均系数为-0.540，是一个亲水性蛋白。

运用 TMHMM Server V2.0 软件，对 Nt14-3-3 蛋白的跨膜结构进行在线预测的结果表明，Nt14-3-3 蛋白为膜外蛋白，没有跨膜螺旋区，不是跨膜蛋白。

利用 PSORT 工具，对 Nt14-3-3 蛋白的亚细胞定位进行预测。结果显示，Nt14-3-3 蛋白在细胞质定位的可能性为 0.450，微体为 0.300，在线粒体基质空间为 0.100，在溶酶体为 0.100。所以，Nt14-3-3 可能主要定位在细胞质和微体上。

利用 NetPhos 3.1 Server 在线工具对 Nt14-3-3 蛋白中的磷酸化位点进行预测，结果表明，Nt14-3-3 中含有 19 个丝氨酸磷酸化位点、7 个苏氨酸磷酸化位点和 6 个酪氨酸磷酸化位点，说明此蛋白能被激酶磷酸化，并参与相应生理过程的调控。

运用 IBCP 的在线工具 SOPMA，对 Nt14-3-3 蛋白二级结构预测的结果表明，α-螺旋占 66.92%，β-折叠占 2.69%，延伸链占 8.85%，无规则卷曲占 21.54%。说明 Nt14-3-3 蛋白的二级结构主要由 α-螺旋以及无规则卷曲构成，含有少量的延伸链和 β-折叠。

二、Nt14-3-3 的功能结构域及同源性分析

（一）功能分析

Nt14-3-3 蛋白的氨基酸序列中包含 9 个相对保守的区域。这 9 个区域均属于 α 螺旋结构。研究表明，植物 14-3-3 蛋白家族的共同特征之一，就是每个单体包含 9 个保守的 α 螺旋。所以，Nt14-3-3 蛋白应该属于植物的 14-3-3 蛋白家族。

利用 ProtFun 2.2 Server 软件对 Nt14-3-3 蛋白的功能进行了预测，结果表明，Nt14-3-3 蛋白具有生物合成的辅因子、转运结合、翻译功能的可能性分

别为 2.917、1.885 和 1.614。因此，Nt14-3-3 蛋白广泛参与了植物的生理生化过程，其行使的功能多样（表 7-2）。

表 7-2　Nt14-3-3 蛋白功能预测

功能类别	可能性
生物合成的辅因子/Biosynthesis of cofactors	2.917
转运结合/Transport and binding	1.885
翻译/Translation	1.614
嘌呤嘧啶/Purines and pyrimidines	1.362
脂肪酸代谢/Fatty acid metabolism	1.308
中间代谢/Central intermediary metabolism	0.762
细胞外被膜/Cell envelop	0.541
氨基酸生物合成/Amino acid biosynthesis	0.500
细胞加工/Cellular processes	0.411
能量代谢/Energy metabolism	0.389
调控/Regulatory functions	0.211
复制和转录/Replication and transcription	0.075

（二）同源性分析

Nt14-3-3 的进化可能较为保守，其与茄科植物的同源性较高。其中，与林烟草 14-3-3、矮牵牛 14-3-3、番茄 14-3-3 等具有较高的氨基酸序列同源性（分别为 100%、96%和 95%），与油棕 14-3-3 的同源性最低（为 93%）。

三、*Nt14-3-3* 的表达模式

（一）组织表达模式

运用 qRT-PCR 的方法，对 *Nt14-3-3* 基因在烟草不同组织中的表达模式进行了分析。结果显示，*Nt14-3-3* 基因的表达在烟草的根、茎、叶、花中均有表达，但具有组织特异性。其表达量的高低依次为根>茎>叶>花。在根中的表达量为花中表达量的 15.39 倍、叶中表达量的 4.63 倍、茎中表达量的 4.31 倍。

（二）受低钾及其他非生物胁迫表达模式

采用 qRT-PCR 的方法，对 *Nt14-3-3* 在低钾、5%PEG、ABA、NaCl 及

H_2O_2处理下的表达量进行了分析。*Nt14-3-3* 基因在低钾处理 12h 时表达量达到最大，为 0h 的 3.04 倍。在 5%PEG 和 ABA 处理 24h 时的表达量达到最大，分别为 0h 的 1.42 倍和 2.12 倍。

在高盐（200mmol）胁迫下，*Nt14-3-3* 在处理 6h 时的表达量上升至最大，为 0h 的 8.91 倍。H_2O_2处理 3 h 时，*Nt14-3-3* 的表达量达到最大，为 0h 的 2.51 倍。

本结果表明，*Nt14-3-3* 参与了烟草的低钾胁迫响应，同时，也与烟草的其他非生物胁迫应答有着密切的关系。

第四节　*NtPP2C16* 基因

蛋白磷酸酶和蛋白激酶参与催化的蛋白质可逆磷酸化反应，不仅是存在于生物体内的一种最为普遍的调节方式，也是植物细胞信号传导过程中的重要机制之一。蛋白磷酸酶根据底物分子去磷酸化氨基酸残基的不同，主要可分为三大类：Ser/Thr 型蛋白磷酸酶（Protein serine/threonine phosphatases，PSPs）、Tyr 型蛋白磷酸酶（Protein tyrosine phosphatases，PTPs）以及双重底物特异性蛋白磷酸酶（Dual specific protein phosphatase，DSPs）。近年研究还发现，His 型蛋白磷酸酶，能催化 His 残基的去磷酸化。

PP2C 蛋白是一类依赖 Mg^{2+} 或 Mn^{2+} 的单体 Ser/Thr 蛋白磷酸酶。PP2Cs 是一类多基因家族，广泛参与了逆境信号的传递以及生理调节过程。目前，已经从模式植物拟南芥和水稻中分别鉴定到 80 个及 78 个 PP2C 家族成员。

研究表明，拟南芥中 PP2C 类蛋白磷酸酶参与脱落酸（Abscisic acid，ABA）、茉莉酸（Jasmonic acid，JA）、水杨酸（Salicylic acid，SA）等多种信号传导途径。例如，拟南芥 PP2C 类蛋白 A 亚族成员 ABI1、ABI2、HAB1、HAB2、AHG1、PP2CA 等，能与一种正调控因子 SnRK2（SNF1-related protein kinase）蛋白激酶互作，在 ABA 信号通路参与的植物对逆境胁迫的反应过程中起负调控作用。拟南芥中 G 类 PP2C 蛋白 AtPP2CG1 能够调控拟南芥对盐胁迫的响应，且该调控依赖于 ABA，AtPP2CG1 是盐胁迫和 ABA 信号传导的正调控因子。拟南芥中 AtPP2CA 能够与保卫细胞外向 K^+通道 GORK 相互作用，调节 K^+的转运和气孔关闭。总之，植物 PP2C 家族的功能与逆境信号传导、非生物逆境胁迫以及细胞内 H_2O_2水平密切相关。

本课题组从烟草 K326 中克隆到一个植物 PP2C 家族的同源基因 *NtPP2C16*

基因[5]。该基因开放阅读框为1 617 bp，编码538个氨基酸残基。NtPP2C16催化区域上具有PP2C家族进化中相对保守的11个结构亚区，与绒毛状烟草PP2C16的亲缘关系最近。*NtPP2C16*基因的表达显著受ABA和H_2O_2信号分子的诱导，并且响应干旱、高盐、低温和低钾胁迫。

一、NtPP2C16的序列特征

*NtPP2C16*基因的核苷酸序列全长为1 617 bp，编码538个氨基酸残基。采用ProtParam软件对*NtPP2C16*基因所编码蛋白的理化性质分析的结果表明，在该蛋白所编码538个氨基酸残基中，丝氨酸（Ser）55个，占10.2%；缬氨酸（Val）51个，占9.5%；亮氨酸（Leu）48个，占8.9%；谷氨酸（Glu）46个，占8.6%；丙氨酸（Ala）38个，占7.1%；而酪氨酸（Tyr）和色氨酸（Trp）的数量较低，均分别只有7个，各占1.3%。NtPP2C16蛋白预测的分子量为58.4 kDa，理论等电点为4.82，不稳定系数（Instability index）是43.17，可能是一个不稳定的蛋白。该蛋白总的亲水性平均指数为-0.108，预测其属于亲水性蛋白。

利用IBCP在线工具SOPMA预测了NtPP2C16蛋白的二级结构，结果显示，该蛋白中36.99%的氨基酸参与了无规则卷曲（Random coil），31.41%氨基酸参与了α-螺旋（Alpha helix），22.49%的氨基酸参与了延伸链（Extended strand），仅有9.11%的氨基酸参与了β-转角（Beta turn）。

利用PSORT对NtPP2C16的亚细胞定位进行了在线预测，结果显示，其在质膜上定位的可能性为0.460，在内质网膜上为0.100，在内质网腔为0.100，预测NtPP2C16可能定位在质膜上。

NetPhos 3.1是利用神经网络预测真核细胞蛋白质中丝氨酸（Serine）、苏氨酸（Threonine）和酪氨酸（Tyrosine）磷酸化位点的工具，其中的内设阈值为0.5，高于0.5，被认为是可能的磷酸化位点。采用NetPhos 3.1对NtPP2C16蛋白中磷酸化位点分析的结果表明，该蛋白含有35个丝氨酸激酶磷酸化位点，5个苏氨酸激酶磷酸化位点和3个酪氨酸激酶磷酸化位点。说明NtPP2C16蛋白能被激酶所磷酸化，从而参与植物生长发育以及各类生物及非生物逆境胁迫响应过程的调控。

二、NtPP2C16 的功能结构域及同源性分析

（一）功能结构域分析

利用 SMART 软件分析了 NtPP2C16 蛋白的保守结构域，结果表明，该蛋白含有 PP2C 家族典型的结构域 PP2C_ SIG，位于第 210~528 位氨基酸。

同时，通过与模式植物拟南芥 PP2C 蛋白 ABI1、ABI2、HAB1 和 HAB2 进行多重序列对比，检测到 NtPP2C16 具有 PP2C 家族典型的结构特征，即催化区域上含有进化中相对保守的 11 个结构亚区，其中包括与二价金属离子结合的 MED、DGH、DG、D 残基和与磷酸盐离子结合的 R 残基。此外，NtPP2C16 蛋白的 C 端比较保守，N 端含有一段保守性较弱的延伸区域。此区域可能参与调控 PP2C 的活性或者在底物的特异性识别过程中起作用，包括一些转录因子特征序列和激酶互作区域等。

（二）同源性分析

将 NtPP2C16 的氨基酸序列与其他植物的 PP2C 蛋白的氨基酸序列进行聚类分析，结果表明，NtPP2C16 与绒毛状烟草 PP2C16、林烟草 PP2C16、渐窄叶烟草 PP2C16 等蛋白具有较高的氨基酸序列同源性，分别为 99%、99%、97%；而与中国白梨 PP2C16、苹果 PP2C16 的同源性最低，为 61%。

三、*NtPP2C16* 的表达模式

（一）组织表达模式

采用 qRT-PCR 的方法，分析了 *NtPP2C16* 在烟草根、茎、叶、花各个器官的表达水平。结果表明，*NtPP2C16* 基因在烟草的各个组织中均有表达，但存在组织特异性。其中，在叶中的表达量最高，茎中次之，然后是花，在根中表达量最低。

（二）受低钾及其他非生物胁迫表达模式

1. 低钾与高盐

低钾（10μmol /L K^+）处理下，*NtPP2C16* 的表达在处理早期 3h 受到显著抑制（$P<0.05$），仅为 0h 的 0.24 倍。然后，逐渐升高，到 24h 时达到基本与 0h 持平的水平。

在高盐（200mmol /L NaCl）胁迫下，*NtPP2C16* 的表达呈现升高-降低-再

升高的趋势，并在 6h 达到最高，为 0h 的 8.60 倍。

2. 信号分子

10mmol /L H_2O_2及 1μmol /L ABA 处理后，烟草 *NtPP2C16* 基因的表达趋势相类似，均呈现出升高-降低-再升高，并在 3h 时上升到最大值，分别为对照 0h 的 3.19 倍和 2.99 倍。

3. 渗透与低温

在 5% PEG6000 以及 4℃低温处理后，烟草 *NtPP2C16* 基因的表达趋势基本相同，表现为升高-降低-再升高，并且都在 6h 时达到最大值，分别为对照 0h 的 2.19 倍和 4.70 倍。

烟草 *NtPP2C16* 基因的表达对非生物胁迫及信号分子强烈响应的结果表明，该基因可能广泛参与了烟草的生长发育以及逆境响应。同时，*NtPP2C16* 基因对低钾胁迫的下调表达说明，该基因可能以负调控的方式参与了烟草的低钾响应过程。

参考文献

[1] 张雪薇，刘仑，鲁黎明，等．烟草 *NtCBL1* 基因的克隆、表达载体构建及表达分析 [J]. 植物研究，2017，37（3）：387-394.

[2] 卓维，陈倩，鲁黎明，等．烟草 *NtCIPK2* 基因的克隆及表达分析 [J]. 浙江农业学报，2017，10（8）：1597-1604.

[3] 杨尚谕，卓维，陈倩，等．烟草 *NtCIPK* 家族基因表达与其含钾量之间的关系分析 [J]. 华北农学报，2018，33（6）：88-94.

[4] 陈倩，卓维，李佳皓，等．烟草 *Nt14-3-3* 基因的克隆及生物信息学和表达模式分析 [J]. 烟草科技，2018，51（1）：1-7.

[5] 张雪薇，刘仑，鲁黎明，等．烟草磷酸酶基因 *NtPP2C16* 的克隆、表达载体构建及表达分析 [J]. 华北农学报，2017，32（5）：78-85.

第八章　烟草的过氧化物酶与低钾胁迫响应

第一节　活性氧的产生与作用

活性氧（Reactive oxygen species，ROS），是指植物利用氧气代谢过程中产生的比氧气性质还活泼且具有较强的氧化能力的物质，如过氧化氢（H_2O_2）、羟自由基（^-OH）、超氧根阴离子（$O_2\cdot^-$）、单线性氧（$O_2\cdot$）、氢氧根离子（OH^-）等。

一、活性氧的产生

ROS 的产生，是一个正常的生理现象。植物在进行正常生理活动时，在叶绿体、线粒体、质膜及内质网等许多部位都能产生 ROS；而当植物遭受生物及非生物胁迫时，这些细胞器均能够产生 ROS。

植物的叶绿体和线粒体是 ROS 产生的主要场所。植物在胁迫下，大量的 ROS 产生是由于叶绿体对光能的吸收效率降低，CO_2固定受阻，O_2等被用作电子受体，形成 $O_2\cdot^-$,从而引发一系列的链式反应；另外，在植物线粒体的有氧呼吸过程中，一小部分电子使得分子氧单电子还原，生成具有较强氧化作用的 $O_2\cdot^-$,并通过特定的化学反应生成·OH、H_2O_2等。

当细胞受病原菌刺激时，大量的 $O_2\cdot^-$由细胞质膜上的 NADPH 氧化酶产生,$O_2\cdot^-$很快歧化为·OH 和 H_2O_2等其他形式的 ROS。

此外，细胞中存在的例如环氧合酶、脂氧合酶、过氧化物酶等酶类也可以通过特定的化学反应产生 $O_2\cdot^-$;当发生机械伤害时，植物也能够产生 ROS。

二、活性氧的作用

在植物中，ROS 具有两方面的作用：低浓度的 ROS 作为细胞的一种信号，参与各种生理反应，维持细胞的正常生理活动；高浓度的 ROS 则会破坏细胞内氧化还原平衡，使细胞受到氧化胁迫，破坏生物大分子的活性，攻击细胞器及生物膜系统，从而对植物的正常生理活动产生伤害，严重时会导致细胞的死亡。

研究表明，作为第二信使ROS是传导和调控细胞信号的重要组成部分，参与了如胁迫的应答和激素信号传导等多种反应，在植物响应逆境胁迫中发挥重要作用。此外，在拟南芥开展的研究表明，ROS也参与了植物细胞程序性死亡的信号传导过程，拟南芥细胞死亡的反应即由其体内释O_2·后引发。

第二节　活性氧的清除与过氧化物酶

一、活性氧的清除

当植物细胞内的ROS超过一定的阈值，可能会对细胞产生伤害时，植物细胞就会启动ROS的清除机制，以将胞内的ROS水平控制在适当的水平下，保障细胞进行正常生命活动。

经过长期进化和自然选择，植物形成了酶促和非酶促两类有效的ROS清除机制。

抗氧化酶是构成植物酶促清除机制的主要部分。研究表明，在植物叶绿体、线粒体等细胞器中H_2O_2等自由基由POD还原，SOD主要是减少线粒体中的ROS的浓度，CAT主要存在于过氧化物酶体中，清除H_2O_2等自由基。将植物体内过量的ROS进行还原的还有GPX和APX等多种抗氧化酶。另外，还有一类发挥着非常重要作用的H_2O_2清除蛋白，被称为抗氧化蛋白（Peroxiredoxin）。

非酶促清除机制主要包括类胡萝卜素、抗坏血酸和类黄酮等，一些小分子蛋白如金属硫蛋白（MTs）和赤霉素诱导蛋白（GIP）等也在ROS的清除中发挥重要作用。此外，植物抗氧化系统中一些小分子物质如维生素等，也是防止脂质过氧化和清除氧自由基过程中非常重要的一部分。

二、植物的过氧化物酶

过氧化物酶（Peroxidase，POD）是一种广泛存在于植物中的氧化还原酶，在植物正常生长和应激反应中发挥着重要作用，是植物重要的保护酶类。过氧化物酶在高等植物中分布较为广泛，根据结构的不同可将过氧化物酶分为3类。Ⅰ类为胞内过氧化物酶，包括抗坏血酸-过氧化物酶（Ascorbic acid peroxidase，APX）、细胞色素 C-过氧化物酶（Cytochrome C peroxidase，CcP）等；Ⅱ类为胞外过氧化物酶，包括锰-过氧化物酶（Manganese peroxidase，MnP）、木质素酶-过氧化物酶（Ligninase peroxidase，LiP）等；Ⅲ类是分泌过氧化物酶（Secretory peroxidase），如辣根过氧化物酶（Horseradish peroxidase，HRP）。分泌过氧化物酶是植物血红素依赖性过氧化物酶，催化涉及过氧化氢作为电子受体的多步氧化反应，含有 4 个保守的二硫键和 2 个保守的钙结合位点。

植物中最常见的是Ⅲ分泌过氧化物酶（Secretory peroxidase），其生物学功能是催化除去 H_2O_2，并参与有毒还原剂的氧化、木质素的生物合成和降解、苏木素化、生长素分解代谢、植物形态建成，并参与环境胁迫响应，如伤害、病原体攻击和氧化应激反应等。

第三节　烟草的过氧化物酶（POD）基因

本课题组从普通烟草中克隆了一个属于植物Ⅲ类分泌过氧化物酶家族的基因 *NtPOD1* [1]，该基因 cDNA 全长 981bp，编码 326 个氨基酸残基。*NtPOD1* 所编码的蛋白预测分子量为 37.19 kDa，等电点为 8.89。该蛋白是一个亲水性蛋白，结构域中含有 4 个保守的二硫键和 2 个保守的钙结合位点，可能定位在细胞外（包括细胞壁），属于植物血红素依赖性过氧化物酶超家族的Ⅲ类分泌氧化酶。在氨基酸序列上，与渐窄叶烟草 POD42、美花烟草 POD42、马铃薯 POD42 等具有很高的同源性。*NtPOD1* 基因在烟草根、茎、叶、花中均有表达，其中，叶中表达量最高，花中表达量最低。同时该基因的表达受低钾、高盐、干旱、ABA 和 H_2O_2 的诱导。

一、NtPOD1 的序列特征

NtPOD1 基因的核苷酸序列全长 981bp，编码 326 个氨基酸残基。

利用 ExPASy ProtParam tool 软件，对 *NtPOD1* 编码的蛋白进行了理化性质分析。结果显示，在该基因编码的 326 个氨基酸中，亮氨酸（9.8%）含量最高，其次为缬氨酸（7.7%），然后为赖氨酸（7.4%）及精氨酸（7.1%）。该蛋白预测的分子量为 37.19 kDa，等电点为 8.89，不稳定系数（Instability index）为 37.34，说明该蛋白可能是一个稳定的蛋白。用在线软件 ProtScale 进行的疏水性分析结果表明，其亲水性平均指数为-0.362，预测该蛋白属于亲水性蛋白。

利用SOPMA软件，对NtPOD1蛋白的二级结构进行了预测。结构表明，该结构包含了α-螺旋（Alpha helix）约占47.24%，无规则卷曲（Random coil）约占26.99%，β-转角（Beta turn）占14.11%，延伸链（Extended strand）占11.66%，其中α-螺旋为主要结构。

利用PSORT在线预测了NtPOD1的亚细胞定位。结果显示，该蛋白在细胞外（包括细胞壁）定位的可能性为44.4%，在线粒体上为22.2%，在内质网上为22.2%，在高尔基体中占11.1%。此结果说明，NtPOD1的定位较为广泛，可能主要定位在细胞外（包括细胞壁）。

二、NtPOD1的结构功能域及同源性分析

（一）结构功能域分析

利用NCBI的CDD软件，对NtPOD1蛋白的功能保守域进行了分析。从结构上看，该蛋白具有过氧化物酶完整的保守结构域，结构域由第26~320位氨基酸组成，包括血红素结合位点（Heme binding site）、活性位点（Active site）、底物结合位点（Substrate binding site）、钙离子结合位点（Calcium binding site），还含有分泌过氧化物酶（Secretory peroxidase，Cd00693）和植物过氧化物酶超家族（Plant peroxidase like super family，C100196）2个保守功能域。

（二）同源性分析

在NCBI数据库中，将NtPOD1的氨基酸序列进行BLAST比对，然后构建了系统进化树。结果表明，NtPOD1与野生烟草（*Nicotiana attenuata*）POD42（XP_019240044.1）、美花烟草（*Nicotiana sylvestris*）POD42（XP_009779064.1）、马铃薯（*Solanum tuberosum*）POD42（XP_006348116.1）等具有较高的氨基酸序列同源性，分别为99%、99%、94%；与拟南芥（*Arabidopsis thaliana*）过氧化物酶ATP1a（CAA66862.1）的同源性最低，为81%。

三、*NtPOD1*的表达模式分析

（一）组织表达模式

采用qRT-PCR的方法，分析了*NtPOD1*基因在根、茎、叶、花等组织器官的表达量。结果显示，该基因尽管在根、茎、叶、花中均有表达，但具有组织特异性。其中，在叶中的表达量最高，其表达量分别是茎的1.1倍、根的1.5

倍、花的28.5倍。*NtPOD1*基因在根、茎、叶及花中均有表达，暗示该基因广泛参与了烟草的生长发育过程。

（二）受低钾及其他非生物胁迫表达模式

1. 低钾与高盐

低钾（10μmol/L K^+）处理下，*NtPOD1*的表达在处理后逐渐升高，在12h达到最高，为0h的3.67倍。

在高盐（200mmol/L NaCl）胁迫下，*NtPOD1*的表达呈现降低-升高-再降低的趋势，尽管在12h达到最高，但仍然低于0h的表达量。

2. 信号分子

10mmol/L H_2O_2处理后，烟草*NtPOD1*基因的表达趋势呈现出升高-降低-再升高-再降低，并在12h时上升到最大值，为对照0h的5.52倍。

1μmol/L ABA处理后，烟草*NtPOD1*基因的表达趋势呈现出降低-升高-再降低-再升高，在24h时上升到最大值，为对照0h的3.53倍。

3. 渗透胁迫

在5% PEG6000处理后，烟草*NtPOD1*基因的表达趋势表现为升高-降低-再升高，并且在24h时达到最大值，为对照0h的2.79倍。

*NtPOD1*基因响应低钾胁迫的结果说明，该基因可能在烟草低钾应答反应中发挥作用。此外，*NtPOD1*基因参与了烟草干旱、盐、ABA、H_2O_2的胁迫响应，并可能在烟草的应激反应中发挥重要作用。

参考文献

［1］ 杨尚谕，李立芹，陈倩，等．烟草过氧化物酶基因*NtPOD1*的克隆及表达模式分析［J］．华北农学报，2018，33（3）：106-112.

后　记

本书的最后完成，是在 2020 年的春节假期。这一年的春节是一个不平凡的春节，学校延期开学，笔者也正好利用这一段时间，进行全书的统稿。也算是没有虚度这样一个寒假。

烟草分子遗传研究课题组开展烟草钾营养的分子机制研究，肇始于 2003 年，迄今已有将近 17 年了。这些年间，对烟草的钾吸收与利用的机制研究，取得了一些研究成果。这主要得益于师长的教诲、同事们的精诚合作，以及研究生、本科生同学们的付出与投入。本书的出版，既是给恩师的一份研究工作答卷，也是向工作单位提交的一份沉甸甸的工作总结，更是向不懈奋斗、努力进取的课题组成员的成果汇报。希望他们满意这份付出。

尽管烟草钾营养分子机制的研究，与其他研究工作一样，也是属于植物科学的研究，然而，由于烟草的特殊性，使对烟草钾的研究一路走来磕磕绊绊、充满艰辛。人们根深蒂固的对烟草的偏见，使对自然科学基金以及其他纵向课题的申报、高水平论文的发表困难重重。这一度也给课题组带来了极大的困惑。然而，对烟草钾营养的研究，却有着现实的需求。烟叶生产是我国“老少边穷”地区的支柱产业，也是当地农民脱贫的重要途径。同时，烟叶生产中钾肥利用效率低、对钾肥的需求量大，一直是制约烟叶生产发展的瓶颈。此外，建设“环境友好型、资源节约型”社会的总体目标，也为烟草钾营养的研究提出了任务与要求。这种社会发展的要求，就是课题组一如既往地开展烟草钾营养机制研究的不竭动力。

一个令课题组始终不解的问题，是关于研究的创新性的问题。对于植物的科学研究而言，不可能对每一种植物都开展相应的研究，而只能是对个别的有代表性的植物进行。所以，才有了模式植物一说。在模式植物上所取得的研究成果，可以推而广之地应用于其他植物。目前，拟南芥和水稻是大家所公认的模式植物。其实，从某种程度上讲，烟草也是一个有着较长历史的、老资格的模式植物了。然而，从 20 世纪 70 年代开始的植物分子生物学的研究以来，拟南芥和水稻就以其基因组小、生长周期短以及易进行转基因操作的优势，逐渐成为植物分子生物学研究的模式植物。在这两个模式植物上阐明的科学问题，就不宜再在其他植物上开展类似的研究。这就是一个创新性的问题。例如，钾营养的分子机制，在拟南芥上已经进行了卓有成效的研究，如果再在烟草上开展此类研究，就未免显得创新性不够。然而，在对钾的吸收、分配与利用方面，烟草就真的没有其特殊性吗?

从目前的研究结果来看，就对氮、磷、钾的吸收比例而言，拟南芥对钾的吸收量只有对氮吸收量的一半，而烟草对钾的吸收量却是对氮吸收的2~3倍，其中的差异非常明显。其次，烟草的植株高大，就生物量来说，是拟南芥与水稻所望尘莫及的，其中钾的作用十分关键。再者，烟草植株在生长进入成熟期后，其体内的钾离子有一个明显的、大规模的再分配的过程。其中，就包括了钾离子由根部向体外排的现象。这是在拟南芥及水稻中所没有观察到的。此外，从生产的实际来说，烟草叶片中的钾含量的高低，也是衡量烟叶品质的重要指标之一，提高烟叶中的钾含量，成为烟叶生产的关键目标。综上所述，烟草的钾营养有其自身的特殊之处，这些外在的特点必定源自于其内在的分子生物学过程当中，并因而值得对烟草钾营养的分子机理做深入的探索。

“沉舟侧畔千帆过，病树前头万木春。”本课题组对烟草钾营养的研究成果，毕竟已经成为过去时了。展望未来，课题组成员将以更加饱满的热情与百倍的努力，不忘初心、只争朝夕、不负韶华，专注于钾营养的分子机理，期望获得有价值的研究进展，以回报社会的哺育。

谨以此书献给默默关注我们成长的恩师!

著　者

2020年2月4日立春